北京创造学会创新丛书之二

大众创新座右铭

主　　编：华文浩

副 主 编：旋定凯　钮进生　张立群

编写人员：华文浩　史定凯　钮进生

张立群　方　鸣　张　屹

张　唏　马振宁　冯　斌

龚大庆　刘　征

金盾出版社

内　容　提　要

本书从普通人群创新的需要出发，按创新的规律，收集了伟人名人对于创新的意义、什么是创新、怎样创新、创新过程、创新思维、创新方法、创新实践，以及理论创新、体制创新、技术创新、管理创新、文学艺术创新、写作创新、创新与科学的论述，集权威性、知识性、操作性于一体，简明易懂，好记好用。

图书在版编目(CIP)数据

大众创新座右铭/华文浩主编．--北京：金盾出版社，2012．3

ISBN 978-7-5082-7316-7

Ⅰ．①大…　Ⅱ．①华…　Ⅲ．①创造学—座右铭—世界　Ⅳ．①G305

中国版本图书馆 CIP 数据核字(2012)第 245352 号

金盾出版社出版、总发行

北京太平路 5 号(地铁万寿路站往南)

邮政编码：100036　电话：68214039　83219215

传真：68276683　网址：www.jdcbs.cn

封面印刷：北京凌奇印刷有限责任公司

正文印刷：双峰印刷装订有限公司

装订：双峰印刷装订有限公司

各地新华书店经销

开本：787×1092 1/32(小)　印张：7.625　字数：140 千字

2012 年 3 月第 1 版第 1 次印刷

印数：1～8 000 册　定价：17.00 元

前言

历史发展的实践充分证明，一个时代不创新将黯淡失色，一个国家不创新就必然落后，一支军队不创新就不能打赢，一个单位不创新就不能发展，一个人不创新就很难进步。江泽民同志指出："创新是一个民族进步的灵魂，是国家兴旺发达的不竭动力。一个没有创新能力的民族，难以屹立于世界先进民族之林。"国家主席胡锦涛 2006 年 1 月 9 日在全国科技大会上宣布，到 2020 年，把我国建成创新型国家。

近一个世纪以来，以创新为动力，开发国民的创新能力，大力开展科技创新，增强国力，已成为世界发展的主题。美国是创新技法、创新理论的发源地，不仅重视吸纳高学历创新型人才，而且重视创新思维、创新技法的普及。所以，美国的创新成果颇多，技术先进，综合国力强。据资料显示，美国每年专利的申请量占世界的 70%，高技术也占世界的 70%。日本对创新更是十分重视，日本前首相中曾根康弘说：日本国土狭小，靠什么与人竞争，靠什么立足世界，主要靠创新，靠开发国民的创造力。日本为了普及创新知识，自20世纪60年代起，不仅从小学到大学普遍开设了创新课程，为了弥补闲散人员无法进正规学校系统接受创新知识的不足，还开办了星期日创新学校，免费向社会开放。日本政府规定，每年4月为日本国创新月，4月18日为创新日。当天，要奖励往年创新成绩突出者，一等奖高达50万日元。韩国把每年5月定为国家创新月，5月9日为创新日。早在2001年，金大中总统就亲自出席创新日大会，并发表重要讲话。俄罗斯、英国、法国、印度等国家，为普及创新教育，都采取了诸多措施。

党中央、国务院作出把我国建设成创新型国家的决定，是事关社会主义现代化建设全局的重大战略决策。建设创新型国家，应该激发全民的创新精神，培养高水平创新人才，形成有利于自主创新的体制机制，大力推进理论创新、制度创新、科技创新、教育创新，把创新贯穿到现代化建设的各个方面，不断巩固和发展中国特色社会主义伟大事业。

创新的实践也充分证明，创新不仅仅是国家干部、科技人员的事，也是全党、全军、全民的事情，国家干部不仅要创新，而且各类企业、事业单位，机关学校、各行各业，包括个体经营者、普通百姓都需要创新。实践证明，创新就有效益，创新就可以得到实惠。

我国是一个有着四大发明，曾对世界有突出贡献的创新大国，但是对创新理论、创新方法的提炼概括、普及远远不够，远不能适应建设创新型国家的需求。近年来虽然有一些介绍创新方法的书籍出版，但许多书籍专业性较强，使很多普通人敬而远之。为了适应全民创新的需要，我们把诸多领袖、伟人、名人有关创新35个方面的论述汇编起来，集成这本简明的大众创新座右铭，但愿它能对你开展创新有所帮助。

本书内容分为四篇。第一篇是创新基础篇。包括创新的意义、什么是创新、怎样创新、自主创新、创新环境、创新机遇、创新精神、创新人才、创新能力、创新过程、创新原则，读后使大家认识创新，掌握一些创新的必备条件。第二篇是创新思维。包括意识与思维、创新思维技巧、顺向思维与逆向思维、求异思维与求同思维、发散思维与收敛思维、逻辑思维与非逻辑思维，目的使大家了解什么是创新思维，怎样开展创新思维。第三篇是创新方法。据不完全统计，我国现有的创新方法有一千多种，但是有很多专业性较强，而且创新的实践证明，作为一般人能掌握几种常用的、自己顺手的就可以了。所以本书仅就最基本的、常用的、好用的几种方法介绍给大家，包括：组合创新法（集成创新法）、交合创新法、关联创新法、模仿创新法、移植创新方法、克服缺点创新法，目的使大家掌握几种创新方法，在工作中能够开展创新。第四篇是创新实践。包括理论创新、体制创新、管理创新、技术创新、企业创新、军事创新、教育创新、文化艺术创新、写作创新、创新与科学。

编辑本书的宗旨是简单、明了、权威、可靠、可用。所以本书采取了小巧的开本、格言名言的形式、短小的篇幅、精练的语言，以使她成为你案头、枕边常读、常用的创新工具。

本书由中国创造学会理事、北京创造学会理事兼副秘书长华文浩教授担任主编，解放军后勤学院研究生处处长施定凯、该院参谋教研室讲师钮进生及首都医科大学石景山教学医院——北京石景山医院医生张立群任副主编，参加本书编纂的有主编、副主编，国家档案局干部培训中心主任方鸣、63600部队高工马振宁、北京巨科达机电设备研究所办公室主任张晞、后勤学院训练部参谋张屹、龚大庆、冯斌，学术研究部参谋刘征。

本书虽然下了很大工夫，但由于工作较忙，掌握的资料少，许多经典语录、创新方法没有收录进来，敬请研究创新的专家、广大读者批评指正。

编 著 者

目 录

第一篇
创新基础

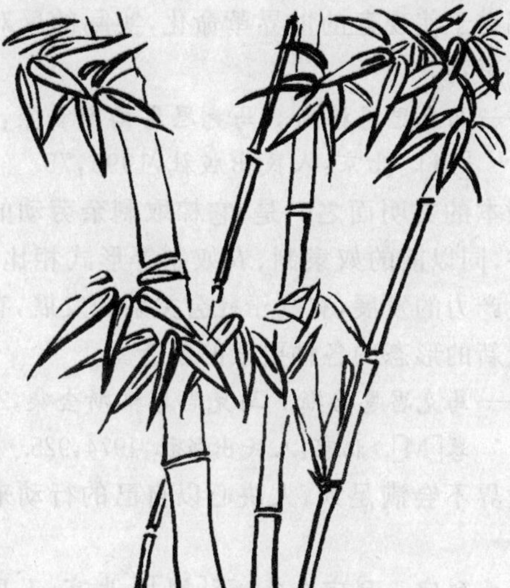

一、创新的意义

(一)伟人论创新

劳动是积极的、创造性的活动。通过实践创造对象世界。

——马克思恩格斯．马克思恩格斯全集，46[M]．北京：人民出版社，1980，116.

对实践的唯物主义者，即共产主义者来说，全部问题都在于使现存的世界革命化，实际的反对并改变现存事物。

——马克思恩格斯．马克思恩格斯全集，1[M]．北京：人民出版社，1995，75.

资本的文明面之一是，它榨取剩余劳动的方式和条件，同以前的奴隶制、农奴制等形式相比，都更利于生产力的发展，有利于社会关系的发展，有利于更高级新的形态的各种要素的创造。

——马克思恩格斯．马克思恩格斯全集，25卷[M]．北京：人民出版社，1974，925.

世界不会满足人，人决心以自己的行动来改变世界。

——列宁．列宁全集，55[M]．北京：人民出版社，1990，183.

科学所以叫做科学，正是因为它不承认偶像，不怕推翻旧事物。

——斯大林

人生最有趣的事情，是送旧迎新。因为人类最高的欲求是创造新生活。

——李大钊

继承和借鉴决不可以变成替代自己的创造。

——毛泽东

我们国家大，人口多，资源丰富，地理位置好，应该建设成世界上一个科学、文化、技术、工业各方面更好的国家。

——毛泽东

社会主义革命的目的是为了解放生产力。我国人民应该有一个远大的规划，要在几十年内，努力改变我国在经济上和科学文化上的落后状况，迅速达到世界先进水平。

——毛泽东

从现在起，五十年内外到一百年内外，是世界上社会制度彻底变化的伟大时代，是一个翻天覆地的时代，是过去任何一个历史时代都不能比拟的。

——毛泽东．毛泽东著作选读，下册[M].

北京：人民出版社，1986，828.

资本主义各国、苏联，都是靠采用最先进的技术，来赶上最先进的国家的，我国也要这样。

——毛泽东

如果不在今后几十年内，争取彻底改变我国经济和技术远远落后于帝国主义国家的状态，挨打是不可避免的。

——毛泽东

我们应当以有可能挨打为出发点来部署我们的工作，力求在一个不太长的时间内改变我国社会经济、技术方面的落后状态，否则我们就要犯错。

——毛泽东

科学技术这一仗，一定要打，而且必须打好。过去我们打的是上层建筑的仗，是建立人民政权、人民军队。建立这些上层建筑干什么呢？就是要搞生产。搞上层建筑、搞生产关系的目的就是解放生产力。现在生产关系是改变了，就要提高生产力。不搞科学技术，生产力无法提高。

——毛泽东（1963 年 12 月，在听取聂荣臻和中央科学小组汇报科技工作 10 年规划时的指示。）

人类总得不断的总结经验，有所发现，有所发明，有所创造，有所前进。

——毛泽东

我们不但善于破坏一个旧世界，还将善于建设一个新世界。

——毛泽东

天下者我们的天下，国家者我们的国家，我们不说谁说，我们不干谁干。

——毛泽东

我们的现代化建设，必须从中国的实际出发。无论是革命还是建设，都要注意学习和借鉴外国经验。

——邓小平．邓小平文选，3[M]．北京：人民出版社，1993，146.

把马克思主义的普遍真理同我国的具体实践结合起来，走自己的道路，建设有中国特色的社会主义，这就是我们总结长期历史经验得出的基本结论。

——邓小平．邓小平文选，3[M]．北京：人民出版社，1993，146.

掌握新技术，要善于学习，更要善于创新。

——邓小平

世界新科技革命蓬勃发展，经济、科技在世界竞争中的地位日益突出，这种形势，无论美国、苏联、其他发达国家和发展中国家都不能不认真对待。

——邓小平

现在世界突飞猛进地发展，科技领域尤其如此。中国有句老话叫"日新月异"，真是这种情况。我们要赶上时代。

——邓小平

现在世界的发展，特别是高科技领域的发展一日千里，中国不能安于落后，必须一开始就参与这个领域的发展。搞这个工程就是这个意思。还有其他一些重大项目，中国也不能不参与，尽管穷。因为你不参与，不加入发展的行列，差距越来越大。

——邓小平 1988 年，视察北京正负电子对撞机工程时的讲话

马克思说过，科学技术是生产力，事实证明这话讲得很对。依我看，科学技术是第一生产力。

——摘自邓小平 1992 年南巡讲话

20 世纪，是知识不断创新、科技突飞猛进、世界深刻变化的世纪。可以预料，21 世纪科技创新将进一步成为经济和社会发展的主导力量。

——江泽民．论科学技术[M]．北京：中央文献出版社，2000，144.

创新是一个民族的灵魂，是一个国家兴旺发达的不竭动力，也是一个政党永葆生机的源泉。

——江泽民．论“三个代表”[M]．北京：中央文献出版社．2001，46，51.

建设有中国特色社会主义的伟大时代，必将是知识不断创新，新事物、新业绩不断涌现的时代。

——江泽民．论科学技术[M]．北京：中央文献出版社，2000，144.

科技创新越来越成为当今社会生产力解放和发展的重要基础与标志，越来越决定着一个国家、一个民族的发展进程。如果不能创新，一个民族就难以兴盛，难以屹立于世界民族之林。

——江泽民．论科学技术[M]．北京：中央文献出版社，2000，147.

20多年来，我们党领导人民进行改革开放和现代化建设取得的伟大成就，都是与我们不断进行的理论创新、体制创新、科技创新等分不开的。

——江泽民．论“三个代表”[M]．北京：中央文献出版社，2001，46.

邓小平理论的形成和发展，就是我们党在新时期坚持理论创新的集中体现和取得的最伟大成果。其他的一切创新都是在这种理论创新的指导和推动、影响下进行的。

——江泽民．论“三个代表”[M]．北京：中央文献出版社，2001，46.

无论从世界的发展变化还是从国内改革和建设的要求看，我们都需要比以往任何时候都更加注意加速科技进步，加强科技创新。

——江泽民．论科学技术[M]．北京：中央文献出版社，2000.

面对世界经济和科技发展的新形势，我们必须在全国兴起一个科技进步和创新的高潮，必须坚持创新、创新、再创新，而这对于实现我国跨世纪发展的宏伟目标，实现中华民族的伟大复兴，是至关重要的。

——江泽民．论科学技术[M]．北京：中央文献出版社，2000，145.

创新要求是实现我国发展特别是经济发展和科技发展的本质要求。实现社会主义现代化的实质，是实现发展、促进发展、加速发展。发展是硬道理。

——江泽民．论“三个代表”[M]．北京：

中央文献出版社，2001，65．

“迎接未来科学技术的挑战，最重要的是要坚持创新，勇于创新。”“推进科技发展，关键要敢于和善于创新。有没有创新能力，能不能进行创新，这是当今世界范围内经济和科技竞争的决定性因素。历史上的科学发现和技术突破，无一不是创新的结果。”

——江泽民．论“三个代表”[M]．北京：

中央文献出版社，2001，65，145．

“搞社会主义现代化，发展社会主义市场经济，没有现成的经验和模式，必须在实践中探索和创造。”“要使实事求是、探索求知、崇尚真理、勇于创新的精神，在全党全社会大大发扬起来，推动党和国家的各项工作创造性地向前发展。”

——江泽民．论“三个代表”[M]．北京：

中央文献出版社，2001，73．

创新是一个民族进步的灵魂，是国家兴旺发达的不竭动力。一个没有创新能力的民族，难以屹立于世界先进民族之林。

——江泽民

“我们必须把以科技创新为先导促进生产力发展的质的飞跃，摆在经济建设的首要地位。这要成为一个重要的战略指导思想。”在这次大会上，“加强技术创新、发展高科技、实现产业化”被确立为中国科技跨世纪的战略目标。

——江泽民．在全国技术创新大会上的讲话[R]. 1999,8.

实践没有止境，创新也没有止境。我们要突破前人，后人也必将要突破我们，这是社会前进的必然规律。

——江泽民．在中国共产党第十六次全国代表大会上的报告[R]. 北京：人民出版社，2002,11.

党中央、国务院作出的建设创新型国家的决策，是事关社会主义现代化建设全局的重大战略决策。

——胡锦涛．坚持走中国特色自主创新道路 为建设创新型国家而努力奋斗（在全国科学技术大会上的讲话）[R]. 2006,1,9.

建设创新型国家是时代赋予我们的光荣使命，是我们这一代人必须承担的历史责任。几千年来，中华民族创造了灿烂辉煌的优秀文化，以众多的创新成就为人类文明进步作出了巨大贡献。

——胡锦涛．坚持走中国特色自主创新道路 为建设创新型国家而努力奋斗（在全国科学技术大会上的讲话）[R]. 2006,1,9.

回顾历史，展望未来，我们完全有信心、有能力为人类文明进步作出新的更大的贡献。全党全国各族人民要统一思想、坚定信心、奋发努力、扎实苦干，坚持走中国特色自主创新道路，以只争朝夕的精神为建设创新型国家而努力奋斗！

——胡锦涛. 坚持走中国特色自主创新道路 为建设创新型国家而努力奋斗(在全国科学技术大会上的讲话)[R]. 2006,1,9.

当今时代，谁在知识和科技创新方面占据优势，谁就能够在发展上掌握主动。

——胡锦涛. 坚持走中国特色自主创新道路 为建设创新型国家而努力奋斗(在全国科学技术大会上的讲话)[R]. 2006,1,9.

我们必须下更大的气力、做更大的努力，进一步深化科技改革，大力推进科技进步和创新，带动生产力质的飞跃，推动我国经济增长从资源依赖型转向创新驱动型，推动经济社会发展切实转入科学发展的轨道。这是摆在我们面前的一项刻不容缓的重大使命。

——胡锦涛. 坚持走中国特色自主创新道路 为建设创新型国家而努力奋斗(在全国科学技术大会上的讲话)[R]. 2006,1,9.

我们必须认清形势、坚定信心、抢抓机遇、奋起直追。总体目标是：到 2020 年，使我国的自主创新能力显著增强，科技促进经济社会发展和保障国家安全的能力显著增强，基础科学和前沿技术研究综合实力显著增强，取得一批在世界具有重大影响的科学技术成果，进入创新型国家行列，为全面建设小康社会提供强有力的支撑。

——胡锦涛．坚持走中国特色自主创新道路 为建设创新型国家而努力奋斗（在全国科学技术大会上的讲话）[R]. 2006,1,9.

我们要努力使科技创新成为经济社会发展主要驱动要素，为全面协调可持续发展提供持久动力；使科技创新成为产业发展的核心竞争要素，促进先进科技与产业深度融合；使科技创新成果成为惠及人民大众的有效手段，让先进技术广泛而深入地渗透到社会生活各个方面，实现从"中国制造"向"中国创造"的转变，推动我国走上科学发展、创新驱动、内生增长轨道。

——习近平．科技工作者要为加快建设创新型国家多作贡献（在中国科协第八次全国代表大会上的祝词）[R]. 2011,5,27.

我国现代化建设的伟大目标是，到我们党成立100年时建成惠及十几亿人口的更高水平的小康社会，到新中国成立100年时基本实现现代化，建成富强民主文明和谐的社会主义现代化国家。我国科技发展的奋斗目标是，到 2020 年时使我国进入创新型国家行列，到新中国成立 100 年时使我国成为世界科技强国。

——习近平．科技工作者要为加快建设创新型国家多作贡献（在中国科协第八次全国代表大会上的祝词）[R]. 2011,5,27.

人类社会已进入 21 世纪第二个十年……新一轮科技革命和产业革命的新形势，我们只有奋力抢占国际经济科技制高点、积极培育新的经济增长点，才能在综合国力竞争中赢得主动。

——习近平．科技工作者要为加快建设创新型国家多作贡献（在中国科协第八次全国代表大会上的祝词）[R]. 2011,5,27.

为加快建设创新型国家，我们既要继续学习借鉴人类文明优秀成果，更要大力提高自主创新能力，大幅度提升国家竞争力。

——习近平．科技工作者要为加快建设创新型国家多作贡献（在中国科协第八次全国代表大会上的祝词）[R]. 2011,5,27.

（二）中国古人论创新

周虽旧邦，其命惟新。

——诗经

终日乾乾，与时偕行。

——周易·乾·文言

日新之谓盛德。

——周易·系辞上

穷则变，变则通，通则久。

——周易·系辞下

苟日新，日日新，又日新。

——礼记·大学

苟利于民，不必法古；苟周于事，不必循旧。

——(汉)刘安

天变不足畏，祖宗不足法，人言不足恤。

——宋史·王安石列传

德贵日新。

——康有为．论语注．卷九

青，取之于蓝而青于蓝。

——荀子.劝学

人人皆尧舜。

——孟子

不日新者必日退。

——程颢、程颐二程集·河南程氏遗书

为学须觉今是而昨非，日改月化，便是长进。

——朱熹．朱子语类．卷八

随事法制，因事制宜，自我而作，何必师古。

——旧唐书

君子之学必日新，日新者日进也。不日新者必日退，未有不进而不退者。

——（宋）程颐

学者当自树其帜。

——（清）郑板桥

非尽百家之美，不能成一人之奇；非取法至高之境，不能开独创之新。

——（清）刘开

“因循”二字，从来误尽英雄。

——（清）梁章钜

变者，天道[①]也。

——康有为

（三）中外名人论创新

唯有创造才是快乐的。

——罗曼·罗兰

世界因创新而精彩。

——郎加明．科学时报，A8. 2006，6，19.

美好的世界人创造。

——郎加明．科学时报，A8. 2006，6，19.

与其被淘汰，不如自我更新。

——周颖南

保守是舒服的产物。

——高尔基

---

① 天道：指必然规律。

神从创造中找到他自己。

——泰戈尔

你创造，因为你是人。

——罗曼·罗兰

惟进取也故日新。

——梁启超．少年中国说

有发明之力者虽旧必新，无发明之力者虽新必旧。

——陶行知

一切声明的意义全在于此——创造刺激。

——罗曼·罗兰

努力作一个创造的人，创造新自己，创造新中国。

——陶行知

现在一切美好的事物，无一不是创新的结果。

——穆勒

创新立国，创新强国。

——郎加明．科学时报，A8. 2006，6，19.

不创新，就死亡。

——艾柯卡（美国现代著名企业家）

从某种意义上说，一国的贫富源于创新的贫富。

——郎加明．科学时报，A8. 2006，6，19.

踩着别人脚步走路的人，永远不会留下自己的脚印。

——爱因斯坦

我们在世界上创造了一切，这世界因而显得那么光荣。

——高尔基

没有创新，就没有人类的今天；没有创新，就没有人类的未来。

——佚名

一个国家、一个民族能够不断发展，不断前进，一靠继承，二靠创新。

——芮杏文

人生不在拼凑，而在创造，几千百万的活人自己创造。

——鲁迅

开创则更定百度。尽涤旧习而气象维新；守成则安静无为，故纵脞废萎而百事隳坏。

——康有为

大凡实际接触过科学研究的人都知道，不肯超越事实的人很少会有成就。

——赫胥黎

人，全都应该是为发现而航行的探索者。

——爱默生

光看别人脸色行事，把自己束缚起来的人，就不能突飞猛进，尤其是不可能在科学技术日新月异的年代里生存下去，就会掉队。

——本田宗一郎

创新有时需要离开常走的大道，潜入森林，你就肯定会发现前所未见的东西。

——贝尔(美国科学家)

祖先把画布留给子孙,子孙即在这共有的画布上分别绣出独创性的花朵。

——伯格森.创造的进化

没有高标准的创新需求,就没有高标准的创新供应。

——郎加明.科学时报,A8. 2006,6,19.

创造,或者酝酿未来的创造,这是一种必要性。

——罗曼·罗兰

科学的存在全靠它的新发现,如果没有新发现,科学便死了。

——李四光

渐进思想是创新的最大敌人。

——记者尼古拉·尼葛洛庞帝.数字化生存

世界上所有美好的事物都是创造的果实。

——米尔

距离已经消失,要么创新,要么死亡。

——托马斯·彼得斯

智慧创造财富,创新改变未来。

——郎加明.科学时报,A8. 2006,6,19.

规律不能被创新者创造,但规律可以被创新者发现。

——郎加明.科学时报,A8. 2006,6,1.

不断变革创新,就会充满青春活力,否则,就可能会变得僵化。

——歌德

生活不是静止的，而是同静止作斗争，是创作，是创造，是对永恒事物吸引力的反抗。

——罗曼·罗兰

工作，创造，前无古人，后无来者。

——蒙森

人一生下来就应该像恺撒那样去书写，去创造伟业。

——约·德莱顿

聪明的年轻人以为，如果承认已经被别人承认过的真理，就会使自己丧失独创性，这是最大的错误。

——歌德

日本国土狭小，资源贫乏，靠什么立足世界，靠什么与人竞争，主要靠开发国民的创造力。

——日本前首相中曾根康弘

如果你要成功，你应该朝新的道路前进，不要跟随被踩烂了的成功之路。

——约翰·D. 洛克菲勒

一个时代不创新将黯淡失色，一个国家不创新就必然落后，一支军队不创新就不能打赢，一个单位不创新就不能发展，一个人不创新就很难进步。

——林木

虽然我们每一次创新不一定成功，但成功离不开创新。创新是民族进步的灵魂，是人才成长的基因，是社会发展的车轮。

——林木

我们要获得现有的一切，而且要创造现在还没有的新事物。

——高尔基

一个人越是生活，越是创造，越是有所爱，越是失掉他的所爱，便越来越是跳出了死神的掌握。

——罗曼·罗兰

开路，这就意味着我们要有崇高的理想，敢于革新，敢于创造，闯前人未经之道，辟前人未历之境。

——唐弢

要勇于在前人没有走过的道路上跨出第一步，因为我们是开路的人。

——唐弢

我们创造着，生活着；生活着，创造着；生活与创造是我们生命的两个轮子。

——艾青

创新，是一条奔流不息的河，永远激溅着欣喜的浪花。

——新格言

创造是前进，改良是落后。

——陶行知

如果人人都只想走现成的路，那就不能走到新的境界，不能开拓新的前程。后来者有责任跨过前人到达的终点，开辟从未有人走过的新径。

——佚名

死人才无意于创造。

——陶行知

要超过前人，非有独创精神不可。

——华罗庚

惟创新者，生存；惟创新者，发展。我们要做的就是创新，不断创新，永远创新。

——王晋成

需要是真正的创造者，它是我们的发明之母。

——(古希腊)柏拉图

向没有开辟的领域进军才能创造新天地。

——杨振宁

创新精神是探索、改革、发展、发明的原动力，是成功的起点。

——王晋成

我们的使命永远是开拓，是前进！

——佚名

奋斗、搜寻、发现，而不要放弃。

——新格言

不能革新的人种也是不能保古的。

——鲁迅

创新是人类获得新的幸福的源泉和动力。

——邓彤

人，不是为赞美而活着；人，是为创造而活着。

——金马

开拓者从不把奖状看作是毕业证书，而只当作征途的一份小结。

——新格言

一代要比一代更进步，一代要比一代给社会留下的遗产更多一些。

——徐特立

在人类的百科词典里，最醒目的字眼便是“创造”，内涵最丰富的词语也是“创造”。人类社会的历史就是一部激动人心的创造史。

——佚名

世界上的一切都需要创造，要前进就不能坐着等待，就要去创造。

——徐特立

只有通过创造才能创造真善美的活人，才能建立更真、更善、更美的和谐社会。

——陶行知

创新，是一切艺术发展的必要前提。创新又不是脱离传统。要懂得历史，才能与古为新。

——刘海粟

创造是我们未来社会、未来时代的主旋律。不创造，世界就不能发展。

——佚名

缺乏进取精神的民族意味着堕落。惟有开拓和竞争，才能立于不败之地。

——（英）怀特海德

初生的婴儿总是美的，革新中的事物也是如此。因为革新正是时间所孕育的婴儿。

——（英）培根

传大人物是世界精神的代理人，他们不是从自己出发，而是从历史的必然性的要求出发去创造历史的。

——（德）黑格尔

坚持奋斗，努力创造，二者构成我们生命的大部分。

——辛尼加（罗马）

人创造事业，并以事业为荣。

——高尔基

青年是一种正在不断成长、不断上升的力量，他们的使命是根据历史的逻辑来创造新的生活方式和生活条件。

——高尔基

我们不能等待自然的恩赐，向自然争取是我们的任务。

——（苏联）米丘林

人类的生活就是创造，就是努力去战胜僵死的物质的抵抗力，希望能掌握物质的一切秘密，并且迫使它的力量服从人的意志，为人的幸福服务。

——高尔基

发现新事物和做出新的发现，是很大的满足。

——(法)伏尔泰

天才的主要标记不是完美，而是创造。

——(匈)亚瑟·柯斯勒

应当让人懂得，他是世界的创造者和主人，对于世界的一切不幸他都负有责任，对于生活中美的东西和荣誉也属于他。

——罗曼·罗兰

青年要做勇敢的、有独立和创造精神的人。

——(保加利亚)季米特洛夫

谁也不是任何真正创造力的主宰；人人都应当让真正的创造力去独立发展。

——(德)歌德

我创造，所以我生存。

——罗曼·罗兰

人生所有的欢乐是创造的欢乐。

——罗曼·罗兰

新手永远应当凭独创的作品开始他的事业。

——(俄)契诃夫

生命的全部意义在于无穷地探索尚未知道的东西。

——(法)左拉

未知不等于无知，对未知之域的渴望与好奇，是人类一切文明进步的原动力。

——中学生

不要在你父兄的帐篷里沉睡——时代在发展，紧跟它向前吧！

——(意)马志尼

生路是勇气探出来、走出来、造出来的。

——陶行知

每个民族都有进展的可能，这是历史教给我们最实际的智慧。

——(日)柳田国男

每个人都应当在自己那一行里，尽其所能地进行创作，把自己最美好的东西留给后人。

——万比洛夫.万比洛夫戏剧集

虚伪不可能创造出任何东西，因为虚伪本身什么也不是。

——格拉宁(《一幅画》)

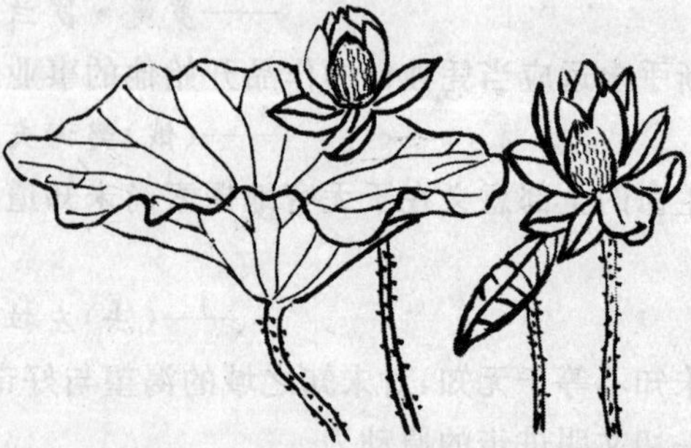

二、什么是创新

(一)什么是创新

创新是指新发明在生产中的首次应用。

——熊彼特(美籍奥地利经济学家)

创新,是指抛弃旧的,创造新的。

——现代汉语词典

创造:“想出新办法、建立新理论、做出新的成绩或东西”。

——现代汉语词典

创新就是想他人之所未想,见他人之所未见,为他人之所未为。

——林木

最佳的创新定义是“不限大小,不限部门”。

——佚名

创新就是创造具有新颖性的新事物。具体表现在以下十方面:提出新观点,确定新思路,制定新原则,揭示新规律,创建新理论,制定新对策,制定新法规,研制新装备,创建新方法,发明新技术。

——林木

创新是科学房屋的生命力。

——阿西莫夫

创新就是创造性地破坏。

——熊彼特

熟是经验,巧是创造。

——徐特立.札记摘录

创新就是在生活中发现了古人没有发现的东西。这种创新代表着社会所需要的东西:首创性、进取心和创造精神。

——佚名

独创有两方面:一是形式的新颖,一是个人人格的化入。

——金克木

创新是指在一定的时空中或条件下,人们对原有的理论或实践的突破和超越,即作出新发现或创造新事物。简言之,创新就是创造新极。创新的特征是"独一无二",即纵向上看是"前所未有"——"唯一";横向上看是"与众不同"——"第一"。

——郎加明.科学时报,A8.2006,6,19.

非经自己努力所得的创新,就不是真正的创新。

——松下幸之助

"中国风貌"是中国屹立于世界民族之林的"身份证"。古人云:"欲灭其国,先灭其史"。我们必须要认识到,"越是中国的,越是世界的",走"中国风貌加世界水平"之路,建设精致、优雅、华美、恢弘的城镇,就是在创造历史、创造文化、创造生态、创造财富。

——郎加明.科学时报,A8.2006,6,19.

创新，可以从需求的角度而不是从供给的角度给它下定义为：改变消费者从资源中获得的价值和满足。

——彼得·德鲁克(管理学权威)

在人类日益拥挤的生存空间里，唯一可以使人摆脱拥挤感觉的，不是别的什么，而是创新之路。

——金马.21世纪罗曼司

在人类文明的星空中，有“软”、“硬”两类星座最为璀璨：一类是具有思想性、方法性、知识性的书籍或音像；另一类是具有科学性、艺术性、标志性的建筑或器物。

——郎加明. 科学时报，A8. 2006，6，19.

看见了熟视无睹的东西，想从来未曾想过的问题，二者结合起来就是创造。

——桑德尔益

发明是由见到了人人都见到过的东西加上人人都没想到的东西构成的。

——(美)阿尔伯特·森特·焦尔季

所谓研究，应该是“破坏者”，目的在摧毁“今天”，创造一个不同的“明天”。

——(奥地利)杜拉克

像屋檐水一样，一点一滴，滴穿阶沿石。点滴的创造固不如整体的创造，但不要轻视点滴的创造而不为，呆望着大创造从天而降。

——陶行知

(二)创新的基本特征

1. 创新是积极向上。创新专指有利于社会进步的,政治上讲策略,但不是投机;军事上讲战术,但服务于正义战争;技术上讲发明,但有利于社会进步。

2. 创新外延宽泛。创新包括社会科学类,也包括自然科学类,即技术和非技术类;创造、发明多用于技术类,用于自然科学类;改革,一般专指体制、社会科学类的创新。

3. 创新无止境。创新可以反复更新,创造在一件事物中多用于首次。

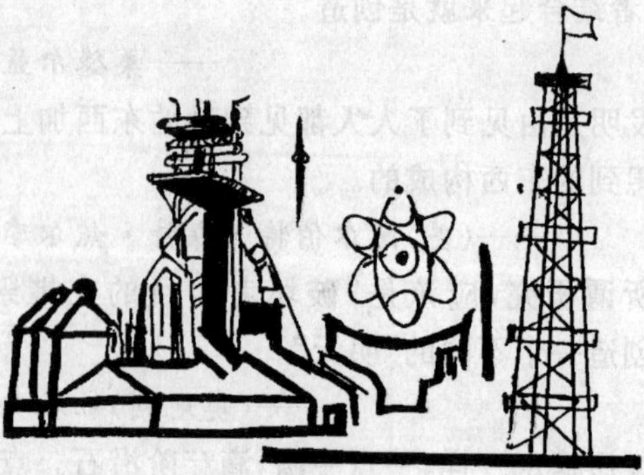

花　絮

创新在国外

美国是创新学的发源地，对创新十分重视，不仅重视吸纳高学历创新型人才，而且重视创新思维、创新技法的普及，所以，美国的创新成果颇多，技术先进，综合国力强。据资料显示，美国每年专利的申请量占世界的70%，高新技术也占世界的70%。更值得一提的是美军对创新的重视程度令人惊讶。早在20世纪50年代，他们不仅在军队院校开设了创新课，为了弥补军官入学轮训周期长、速度慢的不足，还在陆海空部队开办了200多个训练班，普及创新知识。

日本对创新更是十分重视，日本前首相中曾根康弘说：日本国土狭小，靠什么与人竞争，靠什么立足世界，主要靠创新，靠开发国民的创造力。日本没有自己的创新学，许多创新技法是从美国引进的。为了普及创新知识，自20世纪60年代起，他们不仅从小学到大学普遍开设了创新课程，为了弥补闲散人员无法进正规学校系统接受创新知识的不足，还开办了星期日创新学校，免费向社会开放。日本政府规定，每年 4 月为日本国创新月，4 月 18 日为创新日。当天，要奖励往年创新成绩突出者，一等奖高达 50 万日元。韩国把每年 5 月定为国家创新月，5 月 9 日为创新日，2001 年，金大中总统亲自出席创新日大会，并发表重要讲话。俄罗斯、英国、法国、印度等国家，为普及创新学教育，都采取了诸多措施。

世界发展的历史充分证明，重视创新者发展快，从而更重视创新；不重视创新者发展慢，从而也漠视创新。

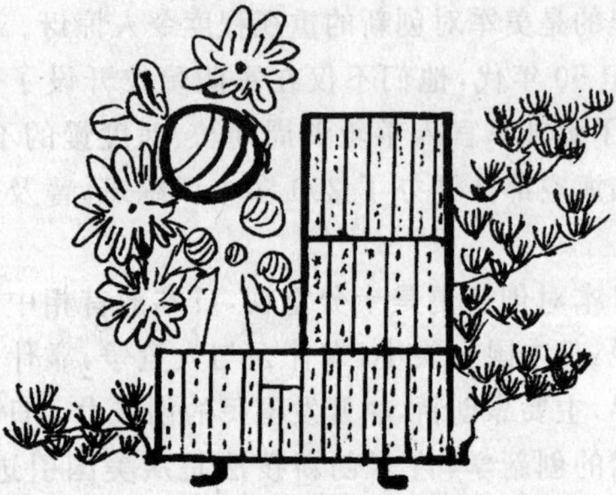

三、怎样创新

创新就是要不断解放思想，实事求是，与时俱进。

——江泽民

坚持一切从实际出发，解放思想，实事求是，不断探索创新。

——江泽民．论“三个代表”[M]．北京：中央文献出版社，2001，73.

正确对待前人理论，学百家之长，自主创新。

——陈国达

任何研究工作都应有所创新。创新的基础，一是新概念的指导，二是新方法的突破。

——王鸿祯

同是不满于现状，但打破现状的手段却不同：一是革新，一是复古。

——鲁迅

人类的创新之举是极其困难的，因此便把已有的形式视为神圣的遗产。

——蒙森

如果试图改变一些东西，首先应该接受许多东西。

——萨特

凡事力争最好的可能性，但必须做最坏的准备。做创新的科研工作更是如此。

——王世真

敏于观察，勤于思考，善于综合，勇于创新。

——宋叔和

正确对待前人理论，学百家之长，自主创新。

——陈国达

任何研究创新都会碰到冲破传统阻力的问题。

——王鸿祯

如若说，在创新尚属于人类个体或群体中的个别杰出表现时，人们循规蹈矩的生存姿态尚可为时代所容，那么，在创新将成为人类赖以进行生存竞争的不可或缺的素质时，依然采用一种循规蹈矩的生存姿态，则无异于一种自我溃败。

——金马.21世纪罗曼司

创新代表着社会的需要：首创性、进取心和创造精神。

——佚名

最有效的创新都简单得惊人，其实，一项创意所能得到的最高褒奖就是别人说一句："这个一看就懂，我怎么就没有想到呢？"一些陈旧的、不结合实际的东西，不管那些东西是洋框框，还是土框框，都要大力地把它们打破，大胆地创造新的方法，新的理论，来解决我们的问题。

——李四光

四、自主创新

在关系国民经济命脉和国家安全的关键领域，真正的核心技术、关键技术是买不来的，必须依靠自主创新。要把提高自主创新能力摆在全部科技工作的首位，在若干重要领域掌握一批核心技术，拥有一批自主知识产权，造就一批具有国际竞争力的企业，大幅度提高国家竞争力。

——胡锦涛．坚持走中国特色自主创新道路 为建设创新型国家而努力奋斗（在全国科学技术大会上的讲话）[R]．2006，1，9．

自主创新能力是国家竞争力的核心，是我国应对未来挑战的重大选择，是统领我国未来科技发展的战略主线，是实现建设创新型国家目标的根本途径。

——胡锦涛．坚持走中国特色自主创新道路 为建设创新型国家而努力奋斗（在全国科学技术大会上的讲话）[R]．2006，1，9．

世界科技发展的实践告诉我们：一个国家只有拥有强大的自主创新能力，才能在激烈的国际竞争中把握先机、赢得主动。

——胡锦涛.坚持走中国特色自主创新道路　为建设创新型国家而努力奋斗（在全国科学技术大会上的讲话）[R].2006,1,9.

知识产权保护是自主创新的重要环节，对于建设创新型国家非常重要。同时，知识产权是自主创新的基础和衡量指标，也是市场竞争的重要手段。

——原国家知识产权局局长　田力普

制定国家知识产权战略，要以大幅度提高自主创新能力和国家核心竞争力为目标。

——原国家知识产权局局长　田力普

没有完善的知识产权保护体系，中国的自主创新能力就不可能得到释放，这不仅关系中国的形象，更影响我们自身的发展，事关中国的利益。

——前商务部部长　薄熙来

自主性之所以重要，首先不是因为它生活中有用，而是因为它符合创造性的自我发展，离开了自主性，人就不可能获得发展。

——卡普捷列夫

五、创新环境

影响创新成功的因素很多，主要的有环境、知识、能力、人格和机遇五个方面。环境是影响创新的因素之一。

环境可以分为人文环境和自然环境，自然环境是客观的，人文环境具有极大的可塑性。在一个人创新能力恒定的情况下，环境越好，创新成功的可能性越大，创新的成果就会越多；如果创新环境越恶劣，创新成功的概率就会越小，创新的成果也会越少；在极端情况下，一个很有创新才能的人甚至会做不出任何创造。

创新的人文环境可分为外部环境和内部环境，外部环境指国际、国内形势以及社会舆论。这些对每一个创新者来说都具有不可抗拒性，创新者只有顺应环境，利用环境，才能取得创新的主动。内部环境主要指创新者的工作和生活环境，包括创新者所在的单位和家庭。

领导的态度对创新者的创新行为非常重要，有领导支持的创新会一路绿灯，得不到领导支持的创新将困难重重，有的中途夭折，有的还会受到批评。

人际关系也影响创新。民众潜意识的忌妒心，会对创新者的创新行为产生影响。中国谚语："出头的椽子先烂"，就是对创新者的警示。法国著名作家罗曼·罗兰(RomainRolland)指出"不结果子的树是没有人打的"。实际上树上结的果子越多，打的人也越多；树上结的果子越大，打的人力量也越大。

创新者即使成功了，也仍要做好"挨打"的思想准备，必须确立"不遭人忌属庸才"的信念，才能站在更高的层次上正确对待创新环境中的障碍，化阻力为助力，正确处理内部环境中的关系。

创新者要营造宽松和谐的环境，要塑造好自己的形象，要处理好各方面的关系，团结同事一起创新，就一定能得到组织和群众的支持。

环境不会改变，解决之道在于改变自己。

——佚名

人虽然以环境为媒介，但是也否定环境的创造性的自由。

——(日)柳田谦十郎

大多数人想要改造这个世界，但却罕有人想改造自己。

——佚名

不是境况造就人，而是人造就境况。

——佚名

环境永远不会十全十美，消极的人受环境控制，积极的人却控制环境。创新者应该在现有环境中求生存，在现有环境中求发展。

——林木

如同磁铁吸引四周的铁粉，热情也能吸引周围的人，改变周围的环境。

——佚名

六、创新与知识

知识是前人在改造世界的实践中所获得的认识和经验的总和，是创新的基础。

一般情况下，占有的知识多，创造的成果多；反之，则少。占有的知识层次高，创造的成果质量高；反之，则低。这是创新的一条基本规律。

创新成果＝创新能力×知识量

知识是创新的基础，翻开人类创新史，科学家、发明家创造的成就如此显赫，无不与他们占有大量知识有很大关系。

愿乘风破万里浪，甘面壁读十年书。

——孙中山

与有肝胆人共事，从无字句读书。

——周恩来

韬略终须建新国，奋飞还需读良书。

——郭沫若

有关国家书常读，无益身心事莫为。

——徐特立

学慎始习，取乎法上。广收博取，众采百家。

不怕不会，就怕不学；不怕不懂，就怕不问。

栽树求材，读书求懂；燃烛求光，创新求成。

不懂要问，不会要学；不熟要练，不深要钻。

学问学问，既学又问；边学边问，增长学问。

好书似良药，读书要理解；
创新需学问，勤学又勤问。

读书不解意，费时又费力；
求学要勤奋，创新需学问。

学习变聪明，创新导航灯；
妙语如警钟，创新耳目灵。

学问勤中得，技巧熟中生；
创新似创业，不能图轻松。

知识是明灯，求知求光明；
创新要学习，坚持要始终。

无知根底浅，工作难上难；
创新责任重，学习要钻研。

求知之路苦，创新之果甜；
没有求知苦，哪有创新甜。

翡翠贵有价，知识无价宝；
创新需求知，坚持益无穷。

好书读的多，知识会广博；
创新站的高，视野必开阔。

宁可舍金钱，决不舍时间；
创新益社会，为国作贡献。

学问无国界，创新无老少；
年高悟性好，创新更奇妙。

创新不怕晚，贵在肯钻研；
知识打基础，硕果丰满园。

人生寿有限，学习无止境；
素质有高低，创新贵有恒。

知识越学越多，脑筋越用越活；

创新学以致用，必有理想收获。

创新人爱学习，无知人爱白话；
愚蠢人爱指教，浅薄人爱咋唬。

天才在于勤奋，知识在于积累；
思想在于锤炼，成果源于创新。

玉不雕不成器，技不熟不生巧；
童不学不成人，人不创不成才。

藏书就是存钱，读时顺手拿来；
创新需要知识，勤奋创新起点。

与其设法挣钱，不如勤学求知；
创新好似淘金，惠及自己他人。

苦学修身千古事，仕途富贵一时荣。

童由好学成大器，人若创新成栋梁。

知识是创新之库，思想是创新之门。

精神是创新之源，勤勉是创新之基。

学海无涯勤是岸，创新有路志是梯。

钢刀不磨会生锈，大师不学也落后。

知识渊博人请教，勇于创新益无穷。

勤学习者能进步，善创新者可成才。

创新发明要知识，事业有成靠勤奋。

书海深处知识丰，思想灵活心路宽。

好钢需要回炉炼，创新需要反复磨。

求学之道在于勤，创新之路在于活。

学习毋畏路崎岖，创新毋畏险滩急。

只学不用是草莽，创新不干属空谈。

书中有广阔的天地，创新有光明的前景。

勤奋是成才的途径，善问是求知的钥匙，

敬业是创新的基础，失败是成功的开始。

不思考找不到真理，不刻苦学不到知识。

不努力就没有收获，不创新很难有成果。

勤奋、坚定、信心是创新的伴侣；
知识、灵活、方法是成功的朋友。

学习像蜂酿蜜，燕衔泥，始成材料；
创新似匠雕金，工琢玉，终见成果。

思考是勘探的钻头，能扣开知识的大门；
知识是导航的明灯，可创造辉煌的人生。

大海不会枯竭，是汇集了四方流水；
创新能出成果，是接纳了众人思想。

创新还要活用知识，具有知识迁移能力。知识运用得好，可以以一当十。

花　絮

毛泽东——活用知识的典范

毛泽东同志是创新的典范，也是当代活用知识的典范。他不仅根据革命斗争需要，学习了大量知识，而且能够把知识融会贯通，与中国革命的实践结合起来，创造性地解决中国革命的实际问题。他常用孟子“全信书，则不如无书”的话来教育人们。他在《中国革命战争的战略问题》一文中指出：“一切带原则性的军事规律或军事理论，都是前人或今人做的关于过去战争经验的总结。这些过去的战争所留给我们的教训，应该着重地学习它，这是一件事；然而还有一件事，即是从自己经验中考证这些结论，吸收那些用得着的东西，拒绝那些用不着的东西，增加些自己所特有的东西，这后一件事，是十分重要的，不这样做，我们就不能指导战争。”(《毛泽东选集》，第一卷，第 181 页。)

毛泽东同志读《二十四史·知囊》中有一段话是讲唐太宗用兵的。略谓：“唐太宗尝言：自少经略四方，颇知用兵之要。每观敌阵，则知其强弱，常以吾弱当其强，以强当其弱。彼乘吾弱，奔逐不过数百步;吾乘其弱,必出其阵后反而击之,无不溃败,盖用孙子之术也"。对此,毛泽东同志写了一个批语:"所谓以弱当强,就是以少数兵力佯攻敌诸路大军。所谓以强当其弱,就是集中绝对优势兵力,以五、六倍于敌一路之兵力,四面包围,聚而歼之。自古能军无出李世民之右者,其次朱元璋。""先退后进";"中间突破";"有强大的战斗预备队";"攻魏救赵,因败魏军,千古高手",(胡永丰,刘卫国编. 毛泽东战略指挥艺术[M]. 北京:军事科学出版社,1996,1,73.)等等。这些都反映了毛泽东同志善于把书本知识与实际情况结合起来,因时、因地、因情制宜,审时度势,灵活运用战略战术的读书体会。正因为如此,他提出了"敌进我退,敌退我进,敌驻我扰,敌疲我追"的作战指导方针;创造性地制定了"十大军事原则"。这些指导方针和作战原则,不仅指导中国革命从胜利走向胜利,而且传到国外,传到全世界,被许多军事家所效仿。在长期的中国革命战争中,他把古今中外军事家的谋略与中国革命战争的实践结合起来,导演了举世闻名的中央苏区一、二、三次反"围剿"、"四渡赤水"、"三大战役"千古诵颂的历史活剧。在 2003 年毛泽东同志诞生 110 周年之际,政治家、军事家们评价他的军事才能是"前无古人"的,而这"前无古人"的才能正是他掌握大量知识,并活用知识的结晶。

毛泽东同志是当代活用知识的典范,也是创新的典范,更是我们永远学习的榜样。

学历低能创新么?

学历与知识紧密相连,按一般规律学历高的人读书多,占有的知识也多;反之,则少。但并不是说学历高的人就一定能够创新,知识分子就必然是创新人才。因为学历高的人读的书多,占有的知识量大只是具备了创新的条件,但能不能创新还要看其知识的迁移能力,看其是否具有创新意识、创新精神,能否开展创新思维和采用科学的方法。

纵观古今中外史,学历低的人不见得占有的知识少,有时他们的专业知识更丰富,加之头脑灵活,善于开展创新思维,具有锐意进取精神,他们的成就常高于高学历的人。诺贝尔只有小学文化,但他却成为世界上伟大的发明家。爱迪生只上过 3 年小学,一生的发明达 1000 多项。山西农民赵跃荣,完成 49 项发明。北京工人吴作礼,仅有小学文化,却取得了 30 多项发明。陕西省小学生韩江涛发明了"墨水一擦净",不仅获得了国家专利,还使 5 家面临倒闭的企业起死回生。云南中学生张毅发明的《新式英汉词典用法及编法》,在 1998 年全国发明展览会上获得了金奖。这些活生生的事实告诉我们,创新需要知识,这是一条基本规律,但并不是说学历高就一定能创新,学历低就不能创新。高学历人才必须甩掉包袱,必须克服保守观念,解放思想、敢想敢干,这也是创新学总结出来的一条基本规律。

七、创新机遇

机遇也是影响创新的因素之一。

机遇，是指创新者在有意识、有计划、有目的的创新活动中遇到意外的新机会。

——林木

创新者在开展某项研究时，通过一个偶然机会，得到了意外的、原来没有想到的发现，或得到了原来没有想到的收获。这个机会对这些偶然的发现和收获就是一种机遇。英国军事医学科学家在做狗的解剖试验时，意外的发现狗的器官可以移植，进而发展到人移植动物的器官；意大利科学家伽伐尼(L. Galvani)做青蛙解剖实验，原想研究青蛙的生理构造，却意外地发现了电流；英国化学家拉姆赛(W. Ramsay)原想从铀矿中寻找氩，却意外地发现了氦；杨斯基本来所做的是无线电通信干扰实验，却意外地发现了天体射电。

这里研究的机遇是指创新者的创新活动能否得到上级、社会支持，创新成果能否得到承认和利用。

不要等待机会，而要创造机会。

——林木

机遇偏爱那些有准备的头脑。

——（法）巴斯德

机会来之不易，只有不断寻找机会的人才会及时把握机会。能把在面前行走的机会抓住的人，十有八九都会成功。

——林木

行动不一定带来机遇，而无行动则决无机遇。

——佚名

科学知识的积累是科学发展的必要前提，至于最后由谁来总其大成，也许带有偶然的、幸运的色彩。

——谈家桢

积极的人在每一次忧患中都看到一个机会，而消极的人则在每个机会中都看到某种忧患。

——佚名

大量事实表明，机遇既会意外的突然来临，又会像电光石火一样稍纵即逝，真可谓在此之前不见影，略后一刻即无踪。人们常用"机不可失、时不再来"描述机遇的易逝性。

在现实生活中，有很多创新者的创新活动得不到应有的重视或支持，创新成果得不到承认或利用。因此，要创新必须善于利用机遇的。

第一，要顺势创新利用机遇。国家、社会，都是支持发展的。创新者只要顺应社会需要，跟着党走，按照中央指引的方向，做出成绩，组织上都会需要，迟早也会被发现，创新成果也能派上用场，国家、社会不会冷落创新者，应该说顺势创新总会有机遇。

第二，前瞻性的创新等待机遇。创新者应有前瞻性目光，准确地预测国家、社会、单位的发展，提前选择国家、单位需要的创新课题，并创造出成果等待机遇的到来。

第三，利用敏锐的政治嗅觉捕捉机遇。在创新中，很多机遇除客观因素外，从主观上讲与政治嗅觉有着很大关系。许许多多的机遇都需要创新者从政治形势上予以把握，利用敏感的政治嗅觉，深入地洞察和分析形势，选择创新的课题，就能使自己的创新成果大有用武之地。

八、创新精神

(一)创新要有热情

没有热忱,便无进步。

——佚名

生命之灯因热情而点燃,生命之舟因拼搏而前行,创造之神因坚定而神圣。

——佚名

没有什么事情有像热忱这般具有传染性,它能感动顽石,它是真诚的精髓。

——佚名

人之所以能,是因为他相信能。创新就要相信能。

——林木

团结创新一条心,残砖废料变黄金。

——佚名

真正的创造从来就意味着献身——去吃别人吃不了的苦头,去冒别人不敢冒的险。

——陈祖芬

科学上的每次重大进步,都源自大胆新颖的设想。

——(美)杜威

要前进就不能坐着等待,就要去创造。而要创造就要克服困难，不能贪图好环境、好条件。

——徐特立

乘坐旧时的马车哪儿也去不成。

——高尔基

生命的第一个行动就是创造。

——罗曼·罗兰

不应该消极地满足现状，而应该是生气勃勃地希望改进现状。

——(俄)别林斯基

只有尝试才能有所发现。

——(古希腊)欧里庇得斯

许多疯狂是非凡的见识，许多见识是十足的疯狂。

——(美)艾米利·狄更生

工作中最重要的一点，就在于要使研究者渴望揭开事物中隐蔽的秘密。

——(瑞士)安德斯·埃斯特朗

创造能使我们有限的生命得到无限的延伸。

——张丽坤

自己是自己命运的创造者。

——谢德林

生活的意义在于创造，而创造是独立存在的，没有止境的。

——高尔基

应该是三分条件，七分创造。

——徐特立

我们要认真，但不要顽固不化；我们要洒脱，但不要玩世不恭。

——罗曼·罗兰

发现者，尤其是一个初出茅庐的年轻发现者，需要勇气、才能，无视他人的冷漠和怀疑，才能坚信自己才能的意义，并把研究继续下去。

——(英)贝弗里奇

发现取决于耐性，应该长期地、精力集中地从各方面观察这个事物，这个事物就开始渐渐地展现在你面前。

——(法)布丰

当一个人先从自己的内心开始奋斗，他就是个有价值的人。

——佚名

生命对某些人来说是美丽的，这些人的一生都为某个目标而奋斗。

——佚名

人只有献身于社会，才能找出那实际上是短暂而有风险的生命的意义。

——爱因斯坦

由百折不挠的信念所支持的人的意志，比那些似乎是无敌的物质力量有更强大的威力。

——爱因斯坦

创新吧，历史为卓越的创新者授勋。

——郎加明．科学时报，A8. 2006，6，19.

(二)支持鼓励创新

要大力弘扬以爱国主义为核心的民族精神和以改革创新为核心的时代精神,增强民族自信心和自豪感,增强不懈奋斗、勇于攀登世界科技高峰的信心和勇气。

——胡锦涛. 坚持走中国特色自主创新道路 为建设创新型国家而努力奋斗(在全国科学技术大会上的讲话)[R]. 2006,1,9.

中华文化历来包含鼓励创新的丰富内涵,强调推陈出新、革故鼎新,强调"天行健,君子以自强不息。"建设创新型国家,必须大力发扬中华文化的优良传统,大力增强全民族的自强自尊精神,大力增强全社会的创造活力。

——胡锦涛. 坚持走中国特色自主创新道路 为建设创新型国家而努力奋斗(在全国科学技术大会上的讲话)[R]. 2006,1,9.

要在全社会广为传播科学知识、科学方法、科学思想、科学精神,使广大人民群众更好地接受科学技术的武装,进一步形成讲科学、爱科学、学科学、用科学的社会风尚。

——胡锦涛. 坚持走中国特色自主创新道路 为建设创新型国家而努力奋斗(在全国科学技术大会上的讲话)[R]. 2006,1,9.

改革就是创新；改革精神，就是创新精神；改革开放过程，就是不断创新过程；改革开放时代，也就是不断创新的时代。人的创新精神，是改革开放时代的时代精神；改革开放时代，就是人的创新精神不断发扬和具体展现的时代。

——胡锦涛．坚持走中国特色自主创新道路 为建设创新型国家而努力奋斗（在全国科学技术大会上的讲话）[R]．2006，1，9．

既然像螃蟹这样的东西，人们都很爱吃，那么蜘蛛也一定有人吃过，只不过后来知道不好吃才不吃了，但是第一个吃螃蟹的人一定是个勇士。

——鲁迅

以空前未有的热情，焕发青春的创新功能，激发人人独特的创新精神，使民族的、国家的创新智慧来一个总发动！使个体的、群体的创新潜能来一个大爆发！

——金马．21世纪罗曼司

敢探未发明的新理，即是创造精神；敢入未开垦的边疆，即是开辟精神；创造时，目光要深；开辟时，目光要远；总起来说，创造开辟都要有胆量。

——陶行知

创造性人格是具有探索性、自主性、独立性的。这种创造性人格正是创造成功的重要心理动力。

——王极盛

正视现实，创造者的脚跟才能站得稳；面向未来，探索者的目光才能看得远。

——新格言

卓越的天才不屑走旁人走过的路。他寻找迄未开拓的地区。

——（美）林肯

在科学发展的道路上跟在别人后面爬行，是永远跟不上的。

——（日）加藤与五郎

新观念有如大海的波涛，不断拍击着人类的意识的岩岸，它虽然进行缓慢，却有着惊人的效果。

——（英）怀特海德

（三）创新要有毅力

在科学上没有平坦的大道，只有不畏劳苦沿着陡峭山路攀登的人，才能希望达到光辉的顶点。

——马克思

人的一生应当这样度过：当他回首往事的时候，不因虚度年华而悔恨，也不因碌碌无为而羞愧。

——奥斯特洛夫斯基

攻城不怕坚，攻书莫畏难。科学有险阻，苦战能过关。

——叶剑英

创新深思，经验随着年龄长；失败虽多，严寒过后是春天。

天道酬勤，好吃懒做无出息；创新任重，意志坚强定成功。

博览群书，通晓古今明世理；敬业勤业，发明创新惠后人。

大凡新命之诞生，新运之创造，必经一番苦痛为之代价。

——李大钊

成功与光明，永远属于那些不屈不挠、不达目的决不罢休的人。

——罗曼·罗兰

世界上没有一个伟大的业绩是由事事都求稳操胜券的犹豫不决者创造的。

——爱略特

创造的强度大，迎战的办法也越是新颖而富有创造性。

——汤恩比.历史的研究·第二部

在理论和实践已有一定认识的基础上，突破性的创建往往来自心血来潮。

——霍京

我的道路是自己闯出来的，我儿子的道路也要他自己去闯。

——狄更斯.荒凉的山庄

由于巧妙地创造发明，由于决心与毅力，他们将罗马从毁亡的危险中挽救过来。

——蒙森.罗马史

一个人最大的破产是绝望,最大的资产是希望。

——佚名

创新需要刚强的意志、顽强的毅力、锲而不舍的精神。

——林木

人应当使自己的面貌日新月异,要像坚硬而有韧性的金属那样经得起任何斗争的锻炼。

——列斯科夫

由百折不挠的信念所支持的人的意志,比那些似乎是无敌的物质力量有更强大的威力。

——爱因斯坦

苦想没盼头,苦干有奔头,创新要干劲。

——佚名

创新也一样,旁观者的姓名永远爬不到比赛的计分板上。

——佚名

创新是辛苦的,没有辛勤的汗水,哪有成功的喜悦。

——林木

攻克科学堡垒,就像打仗一样,总会有人牺牲,有人受伤,我要为科学而献身。

——罗蒙诺索夫

科学的进展是十分缓慢的,需要爬行才能从一点到达另一点。

——丁尼生

一个有信念者所开发出的力量，大于99个只有兴趣者。

——佚名

智者一切求自己，愚者一切求他人。

——佚名

好的想法是十分钱一打，真正无价的是能够实现这些想法的人。

——佚名

贫穷是不需要计划的，致富才需要一个周密的计划，并去实践它。

——佚名

使用双手的是劳工，使用双手和头脑的是舵手，使用双手、头脑与心灵的是艺术家。

——佚名

世界上并没有用来鼓励工作努力的赏赐，所有的赏赐都只是被用来奖励工作成果的。

——佚名

靠山山会倒，靠水水会流，靠自己永远不会倒。创新吧，这是一条光明大道。

——佚名

坚韧是成功的一大要素，只要在门上敲得够久、声够大，才会把人唤醒的。

——佚名

科学需要一个人的全部生命。

——朱冼

人生伟业的建立，不在能知，乃在能行，乃在创造。

——佚名

如果你希望成功，就应以恒心为良友，以经验为参谋，以谨慎为兄弟，以希望为目标。

——佚名

失败并不可怕，但要牢记失败中的教训，失败才是成功之母。

——林木

创新是一项开拓性的事业，含泪播种的人一定能含笑收获。

——佚名

创新，要用欲望提升热忱，用毅力攻破难关。

——佚名

创新要善于抓问题，选准方向，只要路是对的，就不怕路远。

——佚名

自古成功在尝试，没有尝试哪有成功。

——佚名

行动是成功的阶梯，付出越多，登得越高，创新是要实际行动的。

——林木

在世界的历史进程中，每一伟大而高贵的时刻都是由于创新而造就的胜利。

——佚名

与其临渊羡鱼，不如退而结网。

——歌德

让我们将事前的忧虑，换为事前的思考和计划吧！

——佚名

人生舞台的大幕随时都可能拉开，关键你是选择表演，还是选择躲避。

——佚名

创新是一项伟大的事业，但伟大的事业不是靠力气、速度和身体的敏捷完成的，而是靠性格、意志和知识的力量完成的。

——佚名

肉体是精神居住的花园，意志则是这个花园的园丁。意志既能使肉体"贫瘠"下去，又能用勤劳使它"肥沃"起来。创新需要毅力。

——佚名

创新的成功不是等来的，而是从决定去做的那一刻起，持续累积而成的。

——佚名

山不辞土，故能成其高；海不辞水，故能成其深！

——佚名

创新人才需要锤炼，只有千锤百炼，才能成为好钢。

——佚名

征服畏惧、建立自信的最快最确实的方法，就是去做你愿意做的事，直到你获得成功。

——佚名

行动不一定带来创造，而无行动则决无创造。

——佚名

“人”的结构就是相互支撑，“众”人的事业需要每个人的参与。创新需要大家参与，你要成功也需要参与。

——佚名

你可以选择这样的“三心二意”：信心、恒心、决心；创意、乐意。这是创新成功的座右铭。

——佚名

古之立大事者，不惟有超世之才，亦必有坚忍不拔之志。

——苏轼

危机提高警觉，困境刺激思维，逆境帮助生存，敌人帮助成长。

——泮广里

失去金钱的人损失甚少，失去健康的人损失极多，失去勇气的人损失一切。

——佚名

坚定的行动会赢得坚强的人，使他们由观望到参与，由反对到支持。

——佚名

如果不想做点事情，就甭想到达这个世界上的任何地方。世界永远属于以实际行动创新的人。

——佚名

创新需要梦想,但拥有梦想只是一种智力,实现梦想需要毅力与能力。

——林木

只有一条路不能选择——那就是放弃的路;只有一条路不能拒绝——那就是创新的路。

——佚名

创新是在攀登,然而高峰只对攀登它而不是仰望它的人来说才有意义。

——佚名

人的才华就如海绵的水,没有外力的挤压,它是绝对流不出来的。流出来后,海绵才能吸收新的源泉。

——佚名

如果要挖井,就要挖到水出为止。如果要创新,就要有成功的决心。

——佚名

创新决不喜欢会见懒汉,而是唤醒懒汉。

——佚名

只要我们能梦想的,就有可能实现。

——佚名

即使是不成熟的尝试,也胜于胎死腹中的策略。

——佚名

各种科学发现往往具有一个共同点,那就是勤奋和创新精神。

——钱三强

科学经历的是一条非常曲折、非常艰难的道路。

——钱三强

无论才能、知识多么卓著，如果缺乏创新精神，则无异于纸上画饼充饥，无补于事。

——佚名

创新需要实际行动。因为再长的路，一步步向前也能走完；再短的路，若故步自封也无法到达。

——佚名

创新，能使有志者千方百计，使无志者愁眉不展。

——佚名

不大可能的事也许今天实现，根本不可能的事也许明天会实现，但需要行动。

——佚名

我成功，因为我志在成功！我创新，因为我志在创新！

——佚名

再冷的石头，坐上三年也会暖；再难的课题，只要有决心也能攻克。

——佚名

坚毅是成功的法宝，任何业绩的质变都来自于量变的积累。

——佚名

平凡的脚步也可以走完伟大的行程，关键是要坚持。

——佚名

怠慢是一种力量，消极的力量；赞扬也是一种力量，但却是积极的力量。

——佚名

创新成功呈概率分布，关键是你能不能坚持到成功开始呈现的那一刻。

——佚名

创新成功与失败之间有时距离很短——只要后者再坚持向前几步。

——佚名

言词是并且永远是空洞的，而且通向地狱的道路总是伴随着对理想的空谈。但是人格绝不是靠所听到的和所说出的言语，而是靠劳动和行动来形成的。

——爱因斯坦

（四）创新要不怕失败

从失败中学到的东西要比在成功中学到的东西多得多。

——斯迈尔斯

在地球上，没有一样东西在开始的时候，不被一些人笑得死去活来。

——狄更斯

创新不要找借口失败，只找理由成功；不为失败找理由，要为成功找方法；未曾失败的人恐怕也未曾成功过。

——佚名

自己打败自己是最可悲的失败，自己战胜自己是最宝贵的胜利。可是很多事情都是自己把自己打败的。有许多球类比赛的冠军是靠对手的失误得到的。

——佚名

凡是创新的时代总会有人死在半路上，但是这些失败或者遇到困难的公司并不代表他没有价值，他的价值就是告诉大家其实这个领域是可以一试的。

——李学凌

切勿随便扼杀任何新的构想，只有容忍错误，才能够进行革新。

——3M公司管理者的座右铭

不只奖励成功，而且奖励失败。

——通用电器公司总裁杰克·韦尔奇

那些没有受过未知物折磨的人，不知道什么是发明的快乐。

——（英）贝尔纳

阵痛是新生命的准备，苦恼是新突破的序曲。

——王蒙

一个人最大的破产是绝望，最大的资产是希望。

——佚名

障碍与失败是通往成功最可靠的踏脚石，肯研究、利用它们,便能从失败中培养出成功。

——佚名

成功不是将来才有的,而是从决定去做的那一刻起,是持续失败累积而成的。

——佚名

失败是什么?没有什么,只是更走近成功一步;成功是什么?就是走过了所有通向失败的路,只剩下一条路,那就是成功的路。

——佚名

没有哪种教育能比得上逆境。逆境是创新者的宝贵财富,是成功的希望。

——林木

即使艰难也还是要做,愈是艰难,就愈要做。改革是向来没有一帆风顺的,冷笑家们的赞成,是在见了成效之后。

——鲁迅

成功的人是跟别人学习经验,失败的人只跟自己学习经验。

——佚名

伟人之所以伟大,是因为他与别人共处逆境时,别人失去了信心,他却下决心实现自己的目标。

——佚名

那些尝试去做某事却失败的人,比那些什么也不尝试做却成功的人不知要好上多少。

——佚名

如果我们做与不做都会有人笑，如果做不好与做得好还会有人笑，那么我们索性就做得更好，来给人笑吧！

——佚名

这个世界并不是掌握在那些嘲笑者的手中，而恰恰掌握在能够经受得住嘲笑与批评仍不断往前走的人手中。

——佚名

忍别人所不能忍的痛，吃别人所不能吃的苦，是为了创造别人创造不出的成果，收获别人得不到的收获。

——佚名

行动是治愈恐惧的良药，而犹豫、拖延将不断滋养恐惧。创新不能犹豫，要果断。

——佚名

事实上，成功仅代表了你工作的1%，成功是99%失败的结果。

——爱迪生

科学常是在千百次失败后最后一次成功的。

——徐特立

遇到难题时，我总是力求寻找巧妙的思路，出奇制胜。

——朱清时

挫折其实就是迈向成功所应缴的学费。

——佚名

当你感到悲哀痛苦时，最好是去学些什么东西。学习会使你永远立于不败之地。

——佚名

我们的科学史，只写某人某人取得成功，在成功者之前探索道路的，发现“此路不通”的失败者统统不写，这是很不公平的。

——爱因斯坦

发表自己不正确的意见，要比叙述别人的一个真理更有意义；在第一种情况下，你才是一个人，而在第二种情况下，你不过是只鹦鹉。

——陀思妥耶夫斯基

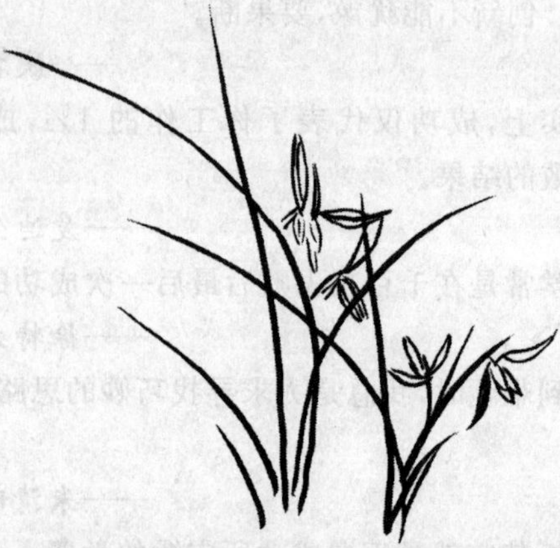

花 絮

在逆境中崛起的丘吉尔

创新需要刚强的意志、顽强的毅力和锲而不舍的精神。因为创新常常是失败多于成功，没有一点毅力是不会成功的。

我国的农药“666”试验了666次，失败665次，最后一次才成功。爱迪生研究蓄电池失败达59999次，第6万次才成功，他说：成功是99%的汗水加1%的灵感。爱迪生小时候学习也极差，他的叔叔是校长，他说这是我从教以来最笨的学生。但他在叔叔给他下结论后，不气馁，勤于奋斗并付出艰苦卓绝的努力，最终成为享誉世界的发明家。

英国首相丘吉尔有在“逆境中崛起”之称，二战中被世人誉为扭转乾坤的历史人物。9·11事件后，美国总统布什说：丘吉尔的勇气、毅力令我钦佩。但丘吉尔从小就被人认为是个笨孩子。他反应迟钝，学习成绩不好，经常受到老师的奚落，有时甚至挨打，家里不得不为他转学。由于小时候他学习成绩差，考军校就考了4次，第一年没考上，第二年、第三年也没考上，他说，只要符合考条件我决不放弃，经过努力，第四年终于考上了。丘吉尔认为人的成功主要靠勤奋，他暗下决心，卧薪尝胆。到了军校，他学政治、学军事、学法律，表现很出色。毕业后当了一名战地记者，可是因为种种原因，最后还是复员了。复员后重操旧业，当了一名报社记者，他利用在军校学到的知识和复员军人的身份，撰写发表有新思维的文章，发表演说，社会的知名度大增，30 岁加入了保守党，35 岁当上了国会议员，继而任英国首相。第二次世界大战中，他在政治上提出许多新策略，在作战中推出不少新战法，启用了很多富有才能的人，他与罗斯福、斯大林结为战略盟友，打败了称雄于一时、不可一世的法西斯德国、军国主义的日本。因为他的毅力和创新精神，受到英国人的拥戴，两次出任英国首相；他与斯大林、罗斯福被世人誉为“二战三巨头”。二战结束后，英国牛津大学举办了一次“成功靠勤奋”的报告会，特邀丘吉尔参加。丘吉尔到会后只讲了三句话：“一是决不放弃，二是决不、决不放弃，三是决不、决不、决不放弃”。我们要做创新的成功者，就应该像丘吉尔那样，“决不、决不、决不放弃”！

（五）创新要不迷信专家权威

创新无止境，我们要突破前人，后人也要突破我们。

——江泽民

凡能独立工作的人，一定能对自己的工作开辟一条新的路线。

——吴有训

不要迷信权威，人云亦云。要树立独立思考的科学精神。

——谈镐生

敢于走前人没有走过的路的拓荒者，永远是不朽的。

——武者小路实笃

任何科学的结论都不该看成是永恒不变的。

——邓拓

奴才主义是改革进取的障碍。

——徐特立

不满是对变革的希冀，不满乃是创造的发端。

——骆耕野

自然知识的每一个大进步都包括对权威的绝对否定。

——(英)赫胥黎

让我们仰慕大师而不去模仿他们。

——(法)雨果

许多伟大的发现都是由于全然不顾公认的信念来设计实验而做出的。

——(英)贝弗里奇

每个人都应该坚持走他为自己开辟的道路，不被权威所吓倒，不受流行的观点所牵制，也不被时尚所迷惑。

——(德)歌德

在劳动或创造领域内不要害怕果敢或狂妄。

——高尔基

勇于“尝试”吧！把“尝试”列入自己的人生计划吧！尝试的过程以及尝试成败与否都会给你带来丰富的体验。

——中学生

我们要永远记住这个真理:情况是不断变化的，我们的思想、方法也得变。惟变者青春永驻。

——中学生

科学研究,必须解放思想。解放思想,就是从谬误中解放出来,从迷信中解放出来,从思想僵化的状态中解放出来。

——张岱年

不盲从就是不盲目地崇拜专家权威,不迷信书本理论;作出重大发明创造的年轻人,大多是敢于向千年不变的戒规、定律挑战的人,他们做出了大师们认为不可能的事情来,让世人大吃一惊。

——费尔马

专家权威掌握的知识多,知道的否定条件也多,有时,这会束缚他们创新的手脚。世界有很多创新成果是在被专家否定之后由一般人创造出来的。

——林木

花絮

创新要不盲从

纵观人类创新史，盲从往往是创新的大敌，因为有些专家权威，一旦固执己见，就会成为科学进步的阻力。如英国医生詹纳，通过近30年孜孜不倦的研究，发明了可拯救成千上万人生命的牛痘接种法，但对如此重要的成果，英国皇家学会开始竟拒绝发表。再如，英国皇家天文学家理查德·乌利爵士，在1956年，即世界第一颗人造卫星出现的前一年，宣称所谓的太空探索旅行完全是“无稽之谈”。后来，由于他显赫的地位，使其成为英国政府太空探索委员会的主要成员。也许是巧合，此后英国再也没有一个真正的太空计划。

18世纪末19世纪初，世界兴起发明飞机的热潮。最初，不少大知识分子、科学家一概摇头否定。法国数学家勒让德认为，要制造一种比空气还重的机械装置到天上去飞行是根本不可能的；随后德国著名电工学家西门子也发表了类似的看法。法国的物理学家赫尔姆霍茨又从物理学的角度论证了“机械装置飞上天”纯属空想。最后，美国天文学家纽康又做了大量计算，证明飞机不仅飞不上天，而且连地面也不可能离开。然而，就在这些科学家的高论发表不久，1903 年 12 月 17 日，以修理自行车为生的莱特兄弟竟奇迹般的把飞机送上了天，虽然飞机第一次飞出去只有 36.5 米，却打破了飞机连地面也不可能离开的神话，并为人类登上月球、遨游太空开辟了道路。

科学研究的历史证明，古今中外的许多创新常常是从推翻权威结论开始的。马克思曾经说过，他最不能容忍的缺点就是“轻信”。列宁称赞马克思：凡是人类社会所创造的一切，他都要用批判的态度加以审查，任何一点也没有忽略过。正是邓小平同志领导全党于 1978 年开展了真理标准的大讨论，才否定了“两个凡是”的紧箍咒，迎来了社会主义发展的春天；正是 1992 年南巡讲话解决了姓“资”姓“社”的问题，才使全党的思想进一步得到空前大解放。我们要创新，就必须以强烈的自信心和巨大的勇气，大胆冲破前人、名人和书本理论的束缚，敢于怀疑具有权威性的理论，敢于提出前人没有提出过的观点，敢于涉足前人没有开垦过的禁地，敢于走前人没有走过的路。

九、创新人才

(一)重视创新人才

每一个人要有作一代豪杰的雄心壮志,应当作一个开创一代的人。

——周恩来

事业最需要的是创造人才。

——邹韬奋

科技创新,关键在人才。杰出科学家和科学技术人才群体,是国家科技事业发展的决定性因素。

——胡锦涛.坚持走中国特色自主创新道路　为建设创新型国家而努力奋斗(在全国科学技术大会上的讲话)[R].2006,1,9.

源源不断地培养造就大批高素质的具有蓬勃创新精神的科技人才,直接关系到我国科技事业的前途,直接关系到国家和民族的未来。

——胡锦涛.坚持走中国特色自主创新道路　为建设创新型国家而努力奋斗(在全国科学技术大会上的讲话)[R].2006,1,9.

要培养大批具有创新精神的优秀人才,造就有利于人才辈出的良好环境，充分发挥科技人才的积极性、主动性、创造性，是建设创新型国家的战略举措。

——胡锦涛．坚持走中国特色自主创新道路　为建设创新型国家而努力奋斗（在全国科学技术大会上的讲话）[R]. 2006,1,9.

要坚持贯彻尊重劳动、尊重知识、尊重人才、尊重创造的方针，全面实施人才强国战略，牢固树立人才资源是第一资源的观念，完善适合我国科技发展需要的人才结构，不断发展壮大我国科技人才队伍。

——胡锦涛．坚持走中国特色自主创新道路　为建设创新型国家而努力奋斗（在全国科学技术大会上的讲话）[R]. 2006,1,9.

要坚持在创新实践中发现人才、在创新活动中培育人才、在创新事业中凝聚人才。

——胡锦涛．坚持走中国特色自主创新道路　为建设创新型国家而努力奋斗（在全国科学技术大会上的讲话）[R]. 2006,1,9.

要依托国家重大人才培养计划、重大科研和重大工程项目、重点学科和重点科研基地、国际学术交流和合作项目，积极推进创新团队建设，努力培养一批德才兼备、国际一流的科技尖子人才、国际级科学大师和科技领军人物，特别是要抓紧培养造就一批中青年高级专家。

——胡锦涛．坚持走中国特色自主创新道路　为建设创新型国家而努力奋斗（在全国科学技术大会上的讲话）[R]. 2006,1,9.

要努力营造鼓励人才干事业、支持人才干成事业、帮助人才干好事业的社会环境，形成有利于优秀人才脱颖而出的体制机制，最大限度地激发科技人员的创新激情和活力，提高创新效率，特别是要为年轻人才施展才干提供更多的机会和更大的舞台。要加大引进人才、引进智力工作的力度，尤其是要积极引进海外高层次人才，吸引广大出国留学人员回国创业。

——胡锦涛．坚持走中国特色自主创新道路　为建设创新型国家而努力奋斗（在全国科学技术大会上的讲话）[R]. 2006,1,9.

科技创新，人才为本，人才资源是最可宝贵的战略资源。培养造就规模宏大、结构优化、布局合理、素质优良的人才队伍，是建设创新型国家的战略选择。

——习近平．科技工作者要为加快建设创新型国家多作贡献（在中国科协第八次全国代表大会上的祝词）[R]. 2011,5,27.

要坚决贯彻尊重劳动、尊重知识、尊重人才、尊重创造的重大方针，深入实施科教兴国、人才强国战略，以高层次人才、高技能人才为重点，统筹推进各类人才队伍建设。

——习近平．科技工作者要为加快建设创新型国家多作贡献(在中国科协第八次全国代表大会上的祝词)[R]. 2011,5,27.

希望广大青年科技工作者认清使命、勇于担当，着眼我国科技事业接力推进、薪火相传，虚心向老一辈科技工作者学习，努力在实践中增长才干，争取在人生创造力最旺盛的黄金期作出突出业绩。要结合深化科技体制改革，完善科技人才培养举荐、选拔任用、激励保障机制，使那些品德高尚、能力突出、在科技创新中有突出贡献的优秀人才脱颖而出，使科技界和全社会各方面优秀创新人才大量涌现。

——习近平．科技工作者要为加快建设创新型国家多作贡献(在中国科协第八次全国代表大会上的祝词)[R]. 2011,5,27.

花絮

创新大师——诺贝尔

诺贝尔是举世闻名的火药之父，一生发明成果1 321项，是世界公认的创新大师。但他只上过3年小学，他凭什么进行创新呢？研究认为，一个人发明成果的多少，与占有的知识有关系，但知识量的多少与发明成果并不成正比。就从创新大师诺贝尔来讲，他之所以成为举世闻名的创新大师，原因是多方面的，主要的有以下几点。

*热爱生活，爱好广泛。*诺贝尔热爱生活，爱好十分广泛，他研究的领域涉及化工、机械、电器、医疗等，一生获得专利权的成果高达351项。他还喜欢写诗，《一则谜语》是以诗歌的形式记叙自己一生经历的自传体长诗；晚年开始创作小说，《在最明亮的非洲》、《姊妹们》，是他抒发对社会改革感受的作品；喜剧《杆菌发明专利权》，充满讥讽和挖苦，深受观众欢迎。

*生活俭朴，乐善好施。*诺贝尔拥有巨额财产，但生活简朴，乐善好施。诺贝尔既有发明专利，又有产业，仅在欧洲就拥有90多个炸药工厂，雇工多达万

余人。1886 年～1896 年的 10 年间，诺贝尔的跨国公司遍布世界 21 个国家。另外，他还投资有诺贝尔兄弟石油公司，成为诺贝尔巨额财产的重要财源之一。到 20 世纪 80 年代末 90 年代初，诺贝尔的跨国公司已成为一个庞大的工业帝国。但他有多少财产，一直没有精心计算过。一年，他的保姆要结婚，他问她：亲爱的小姐，我给你送点什么？聪明的姑娘说：诺贝尔先生，我只要你一天的工资。诺贝尔从来不知道他一天能挣多少钱，于是请了十几个会计师，算了一个多月，得出结论：诺贝尔一天工资的利息，按当时的物价水平可以供这位保姆很好的生活一辈子。诺贝尔死后的 1900 年，他的代理人索尔曼等在多国之间来回奔波，终于理出了一个清单，这个清单在资产转换现金过程中已被大大贬值和打了折扣后，约为 920 万美元，这在当时可是一笔巨额资产。

崇尚科学、坚韧执著。诺贝尔热衷化学，他倾毕生精力发明了火药。期间，在实验中因事故，弟弟竟被炸死，父亲着急生病，但他也没有放弃。1895 年，诺贝尔临终前写了三份遗嘱，其中有一个内容是相同的：他的所有财产拒绝以任何方式馈赠任何亲属，他认为“继承财富只能使他们更加懒惰。”所有财产均由他的代理人——索尔曼，把其换算成资金投入稳定的证券，将每年的利息分成 5 份，作为奖金，奖给世界上在物理、化学、医学、文学、裁军 5 个方面有突出贡献的人。1898 年 5 月 21 日，瑞典国王宣布诺贝尔的遗嘱有效。1901年12月10日，在诺贝尔逝世5周年祭日上，举行了诺贝尔奖首次颁奖大典。首次获得诺贝尔奖的是法国的伦琴，他发现了“X”射线。

诺贝尔奖的颁发，使世界许多科学家因创新荣获诺贝尔奖的殊荣，大大促进了世界科学研究事业的发展。

创新大师——爱因斯坦

爱因斯坦，物理学家。犹太人，出生在德国，智力一般。4岁才会说话，7岁才会认字，被保姆称为“讨厌的祖宗”。他小时候老实得很，被同学们称为“老实头”。他学习不好，一位希腊文的老师说：“你将来干什么都无所谓，因为你干什么都将是一事无成”。他考不上中学，是他母亲找关系把他送入中学；他考不上大学，是父亲的关系求人送他由德国到瑞士上的大学。毕业后找不到工作，做了两年家庭教师。是父亲的关系，才在专利局给他谋了个差事。所以有人说，爱因斯坦终日为生机奔波。那他为什么能成为20世纪的创造巨人，最伟大的科学家呢？经分析，他主要是结合自己的特点活用知识，大胆的想象，神奇的猜测，坚韧的毅力。

爱因斯坦说：教育要把发展思考力和独立判断能力放在首位，而不是把获取多少知识放在首位。如果一个人在学校里仅仅发展自己的专业知识，而没有发展自己的独立思考和独立判断能力，没有发展自己对道德上善和美的敏锐感知，那么这个人更像一条受过训练的狗，而不像一个和谐发展的人。

爱因斯坦在20世纪的前15年提出了一系列包括相对论在内的科学理论，因为很多人不能理解他的科学幻想，而遭人耻笑。另一方面，由于他的思想理论高深和过于超前，诺贝尔奖评奖委员会认识不到相对论及其他学说的伟大意义，诺贝尔奖颁奖后的20年间，爱因斯坦被提名12次都没有获奖，1921年只因小小的光电效应而获诺奖。

爱因斯坦终生没有停止对科学的探索，他的著名的质能方程式 $E=MC^2$，表明物质粒子可以转化为巨大的核能量，断定核裂变可以制造出威力无比的原子弹，为制造原子弹提出了科学的理论依据。1939年夏天，他和美籍匈牙利科学家西拉德向美国政府提出要赶在德国之前研制出原子弹的建议：他在报告中提出，一颗长7米，直径一米的万吨级当量的原子弹，相当于1万吨 T. N. T. 炸药的爆炸能量。几乎没有一点原子弹知识的美国政府官员将此建议视为天方夜谭。但时任总统罗斯福一向十分敬重爱因斯坦，于是在1939年8月2日接见了爱因斯坦，爱因斯坦就像老师辅导小学生数学题一样讲解核裂变的原理，使过去对此一窍不通的总统了解到制造原子弹的可能性，从而作出了要赶在德国之前制造出原子弹的重大决定。1945年7月16日美国第一颗的原子弹研制成功。同年8月6日向日本的军工城市广岛投放了被命名为“男孩”的原子弹，9日又向长崎投掷了一颗叫“胖子”的原子弹，促使日本人无条件投降。

叱咤风云的历史人物——斯大林

二战三巨头之一，以钢铁意志著称的苏军最高统帅斯大林，世界著名政治家、军事家。第二次世界大战中，英国首相丘吉尔以在逆境中崛起著称；美国总统罗斯福，是美国唯一的一位在轮椅上连任四届的美国总统，有刚毅果断之称，斯大林则以钢铁意志著称。

斯大林，出生在格鲁吉亚一个小镇的贫穷鞋匠家庭，11岁时父亲去世，靠母亲为别人洗衣服、当清洁工维持生活。老沙皇的残酷统治，社会分配的极大不公，黑势力对孤儿寡母的欺压，使他们母子受尽百般凌辱。他决心砸碎这罪恶的旧世界，建立平等社会。他上中学时“就有了强烈的‘领袖’欲望”，成立了学生组织，并领导了学校的罢课运动。被学校开除后，他改名换姓，投身革命，确定了自己的人生道路，他下决心“要成为20世纪叱咤风云的一名主角。”他参加革命后7次被捕，6次成功潜出，成为一名出色的革命家，政治家。他认识列宁后，成为列宁的得力助手。他不仅被世人誉为钢铁意志，就连他领导的国家、指挥的军队也具有钢铁般的意志。第二次世界大战中，德国军队向苏联发动突然袭击，战争初期德军长驱直入，苏联大片国土沦丧。在斯大林格勒战役中，斯大林以钢铁般的意志指挥他的军民浴血奋战，与德军僵持6个月，以伤亡200万人的代价扭转战局，不仅把德军赶出苏联，而且扭转乾坤，反败为胜。他和丘吉尔、罗斯福在德黑兰、雅尔塔、波斯坦进行秘密会谈，组成世界反法西斯联盟。他指挥苏军长驱直入，解放了欧洲的大片领土，一直打到德国的柏林，致使法西斯头子希特勒自杀毙命。

（二）人人都可创新

人才最本质的特点在于创造。

——佚名

创造者才是真正的享受者。

——富尔克

处处是创造之地，天天是创造之时，人人是创造之人。

——陶行知

凡能独立工作的人，一定能对自己的工作开辟一条新的路线。

——吴有训

在创新活动中，只有知识广博、信息灵敏、理论功底深厚、实践经验丰富的人，才易于在多学科、多专业的结合创新中和跳跃性的创造性思维中求得较大的突破。

——朗加明．创新的奥秘

知道事物应该是什么样，说明你是聪明的人；知道事物实际是什么样，说明你是有经验的人；知道怎样使事物变得更好，说明你是有才能的人。

——狄德罗

自古天下无天才，天才都是勤奋来。勤学苦练熟生巧，一分辛苦一分才。

——林木

世界会向那些有目标和远见的人让路。

——冯两努（香港著名推销商）

目标的坚定是性格中最必要的力量源泉之一，也是成功的利器之一。没有它，天才也会在矛盾无定的迷径中徒劳无功。

——佚名

一个人是否具有创新能力，是“一流人才和三流人才之间的分水岭。”

——普西（美国哈佛大学前校长）

（三）创新者品格

品格，又称个性，是指创新者个人稳定的心理品质。品格对于创新的成败所产生的影响，并不低于知识因素和能力因素。

积极思考造成积极人生，消极思考造成消极人生。

——佚名

积极者相信只有推动自己才能推动世界，只要推动自己就能推动世界。

——佚名

每一日你所付出的代价都比前一日高，因为你的生命又消短了一天，所以每一日你都要更积极。今天太宝贵，不应该为酸苦的忧虑和辛涩的悔恨所销蚀，抬起下巴，抓住今天，它不再回来。

——佚名

伟人所达到并保持着的高度，并不是一飞就到的，而是他们在同伴们都睡着的时候，一步步艰辛地向上攀爬。

——佚名

不满是向上的车轮。

——鲁迅

不满是我们活力的源泉，是发展与发明的原动力。

——日本．燃烧你的不满

善质疑，也是一种怀疑，就是能够对一种理论、一件事情或一个观点提出各种不同的看法。

质疑是打开一切科学大门的钥匙。

——巴尔扎克

疑惑是智慧的开端。

——亚里士多德

敢超出，就是有一种敢于超过前人、超越时空的勇气。

创新者要培养自己执著的进取精神。

——林木

你若失去了财产，你只失去了一点儿；你若失去了荣誉，你就失掉了许多；你若失去了勇敢，你就把一切都失掉了！

——歌德

创新需要勇敢，需要过人的胆略，需要为真理为事业献身的精神，需要顽强拼搏的坚持力和忍耐力，需要决心，需要百折不挠的坚强毅力，创新者要创新，就必须铸造这种精神。

虽然每一次努力不一定都能成功，但每一次成功都离不开努力，只有勤奋才有可能取得成功。懒惰是世人的通病，是无数人失败的根源。懒惰倦怠使人精神萎靡、不思进取、思维凝滞、想象贫乏。

十、创新能力

能力是指成功地完成某种活动所必需的个性心理特征。

——辞海[M]. 上海：辞书出版社，1999.

能力分一般能力和特殊能力。一般能力指人在社会活动中的基本能力，如观察能力、记忆能力、抽象概括能力等；特殊能力指从事某项专业工作所必需的能力，如写作能力、管理能力等。

创新能力是一种特殊能力，是创新者在创新活动中，运用已有的知识和经验，创造性的完成任务，取得新成果的能力。它是在专业能力的基础上进一步发展形成的。创新能力可以概括为如下公式：

创新能力＝（创新意识＋创新思维＋科学方法）×知识量

创新能力是每一个正常人都具有的自然属性。孟子说：“人人皆尧舜”。

面对世界科技飞速发展的挑战，我们必须把增强民族创新能力提到关系中华民族兴衰存亡的高度来认识。

——江泽民

创造力属于那些爱追根究底、独立思考的人。

——温元凯

创造力是知识经济前进的心理动力。

——新格言

要是没有能独立思考和独立判断的有创造能力的个人，社会向上发展是不可能的。

——爱因斯坦

人可以老而益壮，也可以未老先衰，关键不在岁数，而在于创造力的大小。

——卢尔卡尔斯基

天才的主要标志不是完美，而是创造，天才能开创新的局面。

——亚瑟·柯斯勒

创造是万物生长的萌芽，它培育了生命和思想，正如树木的开花结果。

——(法)莫泊桑.一生

有创造才能的人对人的教育作用，归根到底总是远远超过政治领袖。

——爱因斯坦

首先要对自己的创新能力抱有信心，这是开发创造力的第一要素。

——(日)桑名一央

我们发现了儿童有创造力，认识了儿童有创造力，就必须进一步把儿童的创造力解放出来。

——陶行知

要把发展独立思考和独立判断能力放在首位，而不应当把获得专业的知识放在首位。如果一个人掌握了他的学科的基础理论，并且学会了独立思考和工作，他必定会找到属于自己的道路，而且比起那种主要以获得细节知识为培训内容的人来，他一定会更好地适应进步和变化。

——爱因斯坦

创造力来源于不同事物的意外组合，使差异最显著的最佳方法，把不同年龄、有不同文化和不同信仰的人掺杂在一起。

——尼古拉·尼葛洛庞帝

创造力是人类最变通的工具，创造机会和创造性问题比比皆是，关键是我们能否学会使用这一工具，能否发现这机会和问题。

——罗伯特·沃尔森

创造力对于创新是必要的，公司文化应该提倡创造力，然后将其转变成创新，而这种创新将导致竞争的成功。

——美国．未来学家

创造力是最珍贵的财富，你有这种能力，能够把握生活最佳的时机，缔造伟大的成就。别忘了你是导演、编剧兼演员。

——(美)丹尼斯·韦特莱

知识本身不会使一个人具有创造力。创造力的真正关键在于如何活用知识。用知识和经验来寻找新点子、新创意,就是培养创造性思考所需的态度。

——(美)罗杰·冯·伊庄

创造力是每一个人都有可能发展的一种能力。把创造力限制在少数科学家、文学家和艺术家的多产创作上是一种陈腐的观念。……创造性是每一个人作为人类的一员都具有天赋的潜能,它和心理健康的发展密切相关,在心理健康发展的条件下,人人都可以表现出创造性。

——(美)马斯洛

创造力是可以传递的。纽约州立大学的研究显示,学完一轮创造课程后,学生的创造性思维能力几乎成倍增长。

——(美)丹尼斯·韦特莱

无可否认,创造力的运用、自由的创造活动,是人的真正的功能;人的创造活动,是人的真正的功能;人在创造中找到他的真正幸福,证明了这一点。

——阿诺德

可持续竞争的唯一优势来自于超过竞争对手的创新能力。

——詹姆斯·莫尔斯

十一、创新过程

(一)提出问题

问号是开启任何一门科学的钥匙,而生活的智慧大概就在于逢事都问个为什么。

——巴尔扎克

发明千千万,起点是一问;禽兽不如人,过在不会问;智者问的巧,愚者问的笨;人力胜天公,只在每事问。

——陶行知.每事问

选准了题目,就等于成功了一半。

——爱因斯坦

好奇心是创新者深入探索心理的推动力。

——王极盛

怀疑是探索科学的向导。

——王极盛

发现问题是对自然的、社会的和其他方面的进步,都是伟大的启示。

——徐特立

刻苦人人都能做到,但发现问题,选准方向(题目)不是人人都能做到的。

——王通信

思维是从疑问和惊奇开始的。

——亚里士多德

问题永远不在于如何使头脑里产生崭新的、创造性的思想，而在于如何从头脑里淘出来。

——佚名

创新就是在生活中发现了古人没有发现的东西。

——李可染

科学始终是不公道的，如果它不提出十个问题，也就永远不能解决一个问题。

——萧伯纳

要开创新路子，最关键的是你会不会自己提出问题，能正确地提出问题就是迈开了创新的第一步。

——李政道

打开想象力的大门。从多问“为什么”开始，成为一个好奇和多怀疑的人。

——(苏联)布朗尼科夫斯基

好奇心造就科学家和诗人。

——(法)法朗士

古往今来人们开始哲理探索，都应起源于对自然万物的惊异。

——亚里士多德

我们思想的发展在某种意义上常常来源于好奇心。

——爱因斯坦

能够正确地提出一个问题，就等于对这个问题解决了一半。

——（美）杜威

好奇心是科学家的第一美德。

——（法）居里夫人

提出一个问题往往比解决一个问题更重要，因为解决问题也许仅是一个数学上或实验上的技能而已，而提出新问题、新的可能性，从新的角度去看旧的问题，却需要有创造性的想象力，而且标志着科学的真正进步。

——爱因斯坦

发现的艺术就是正确概括的艺术。

——（德）赖欣巴赫

思想停滞就不能有新的发现。

——茅盾

创造就是发现自己身上未知部分的最有效行动。

——（日）广中平佑

学者不是提供真正答案的人，而是提出真正问题的人。

——（美）莱维一斯特劳斯

问题可以看出智力的高低，答案则显示智力的敏锐。

——（法）儒贝尔

把尝试“解决新问题”的追求，从人群中的局部人、少数人，扩大到人群中的绝大多数人，并使之成为日常生活中有机构成的一部分，这种趋势在20世纪末已初露端倪。如若说，在创新尚属于人类个体或群体中的个别杰出表现时，人们循规蹈矩的生存姿态尚可为时代所容，那么，在创新将成为人类赖以进行生存竞争的不可或缺的素质时，依然采用一种循规蹈矩的生存姿态，则无异于一种自我溃败。

——金马

创新发现问题包括两种类型：一是原来没有，发现需要，提出创新的目标，进行全新型创新；二是原来有，但创新者发现了该事物的不足或缺点，需要改进、提高、完善，这是改进型创新。创新，最重要在于发现问题，问题发现的早，创新实施的早，问题抓的准，解决问题就比较到位。

——林木

(二)思考探索问题

创新者从不把自己停留在任何一个问号上，而是带着一个又一个问号，行进在永无止境的探索道路上。

——思索

思考包括四个方面的问题：(1)怎样解决这些问题，(2)创造一个什么，(3)它应有什么功能，(4)怎样去实现创新的目标。

(三)制定创新方案

创新方案就是创新的工作计划,根据需要内容可详可略。一般有参加人员,实施步骤,投入经费,等等。

(四)创新方案实施

方案实施就是具体展开攻关,要按照计划,严密组织,稳步前进,以防意外事故。

(五)总结完善提高

创新成果完成后,要请专家鉴定,进行试用,根据用户和专家意见,补充完善,提高质量。

十二、创新的原则

(一)国家需要

创新要服从国家、社会、单位需求,要把自己的创新目标、创新行为纳入国家、社会、单位的需求之中。

(二)科学简洁

在社会科学课题研究中,科学就是要坚持科学发展观,坚持唯物辩证法;简洁,就是要简单。在自然科学中表现为结构简单,操作方便,通用性强,一物多用。

(三)相对最优

当时条件下是比较好的。创新标准是越高越好,但标准定得过高有时很难成功,作为一般人,为了及时见到创新成效,创新的标准应该是相对最优。

(四)新颖独特

新颖,使人感到新鲜;独特即在现有范围内独此一家。

(五)先进适用

先进:与时俱进,占领前沿;适用:便于操作,能解决问题。

第二篇
创 新 思 维

十三、创新思维

思维就是想问题，思维的“思”，可以理解为思考或想；“维”可以理解为顺序或方向。思维就是针对一定的问题、沿着一定的方向、按照一定的顺序想问题。

创新思维是指能够产生新颖性结果的思考。通俗地讲，创新思维就是想出新办法，包括对问题的新认识。

有思路才会有出路，有作为才会有地位，有创新才会有发展。

——李祝文

这个世界不缺少发现，而是缺少发现后的思考。

——牛根生

新的研究表明，智能包括大量的使普通人也能大显神通的思维技能。

——佚名

创新思维是人类永远怒放的鲜花，创新思维是人类永远最稀缺的资源。

——郎加明．科学时报，A8. 2006，2，17.

未来的世界，是创新思维者、专业主义者和创新思维与专业主义结合者三种人主导的社会。

——郎加明．科学时报，A8．2006，6，19．

人的可贵在于创造性的思维。

——华罗庚

“T 律”是创新及创新思维中的普遍规律之一。

——郎加明．科学时报，A4．2006，6，19．

创新的核心是创意，创意的“密钥”是创新思维。创新思维是价值之源，是一种软实力。

——郎加明．科学时报，A8．2006，6，19．

很难说什么事情是办不到的，因为昨天的梦想，可能就是今天的希望，并且可以成为明天的现实。

——（英）罗伯特

一个具有天才禀赋的人，绝不遵循常人的思维途径。

——司汤达

有一件事情是十分清楚的：创新思维不是那些专门从事开发创新思维的人的专有领地。

——斯威尼（美国管理学家）．致未来的总裁们

作为一个未来的总裁，应该具有激发和识别创新思想的才能。为了产生创新思想，你必须具备：(1)必要的知识；(2)不怕失误、不怕犯错误的态度；(3)专心致志和深邃的洞察力。

——斯威尼（美国管理学家）．致未来的总裁们

创造新的世界的真正奥秘，在于创新首先是一种由创新者的素质和创新者的思路组成的运行机制，它是一个由创新者的素质转化为创新者的思路、再由创新者的思路转化为创新者的行为的复杂过程。

——朗加明．创新的奥秘

凡事要三思，但比三思更重要的是三思而后行。

——佚名

在创造家的事业中，每一步都要三思而后行，而不是盲目地瞎碰。

——米丘林

向一切成功者和失败者学习思想方法。

——何祚庥

遇到难题时，我总是力求寻找巧妙的思路，出奇制胜。

——朱清时

十四、思维与意识

人的意识不仅反映客观世界，并且创造客观世界。

——马克思，恩格斯. 马克思恩格斯全集，25[M]. 北京：人民出版社，1974，925.

意识对于我们21世纪的发展至关重要，要树立全民族的创新意识。

——江泽民

要在全社会培育创新意识，倡导创新精神，完善创新机制，大力提倡敢为人先、敢冒风险的精神，大力倡导敢于创新、勇于竞争和宽容失败的精神，努力营造鼓励科技人员创新、支持科技人员实现创新的有利条件。

——胡锦涛. 坚持走中国特色自主创新道路 为建设创新型国家而努力奋斗(在全国科学技术大会上的讲话)[R]. 2006,1,9.

要注重从青少年入手培养创新意识和实践能力，积极改革教育体制和改进教学方法，大力推进素质教育，鼓励青少年参加丰富多彩的科普活动和社会实践。要大力繁荣发展哲学社会科学，促进哲学社会科学与自然科学相互渗透，为建设创新型国家提供更好的理论指导。

——胡锦涛．坚持走中国特色自主创新道路 为建设创新型国家而努力奋斗（在全国科学技术大会上的讲话）[R]. 2006,1,9.

在识别创新思想方面最成功的公司总裁，总是善于同有创新意识的人打交道的，善于倾听他们的意见，包括听来有点古怪的意见。……为了获取创新思想，作为公司总裁必须乐于承认和接受由创新思想带来的种种不愉快。

——斯威尼(美国管理学家). 致未来的总裁们

创新源于意识，形成于思维，借助于方法，成功于实践。

——林木

创新意识是创新欲望的萌动，是一种创新的追求在思想上的反映。

创新意识产生于责任、压力和欲望

责任可以激发创新意识。鲁迅先生是中国公认的创新大师，他原先是学地质学的，并编有中国最早的《地质学》专著，为了救国救民，他改行从医，后来他发现救国救民不在行医救民之肌体，而在于救民众之思想，挽救民众之灵魂，所以又改医从文。这是什么原因？是救国救民的责任决定了他对职业的选择。

有压力也能生成创新意识。中国工农红军在国民党军队的围追堵截中四渡赤水，创造了毛主席用兵真如神的神话。日本人也是在压力下创新的，日本前首相中曾根康弘说：日本国土狭小，靠什么立足世界，靠什么与人竞争，靠创新。日本原来的国策是“技术立国”，1996 年改成“技术创新立国”。

毛泽东主席说，美帝国主义如此欺负我们，这是需要我们认真对付的，在这种压力下，中国造出了两弹一星。毛泽东说：穷则思变，要干，要革命。这要干，要革命就含有创新的成分。

十五、创新思维艺术

思维可分为思维形式和思维方式。思维形式即想象、联想和幻想，属于人的自然属性，是人人都有的。思维方式属于思维技巧，创新思维主要研究思维方式。

创新思维主要解决两个问题：一是敢想；二是巧想。

(一)敢想

没有做不到，只有想不到；只要想得到，才有可能做得到。

——林木

人的思想有多远，就能走多远；人的心有多大，人生的舞台就有多大。

——新格言

创新无止境，功到自然成。

——林木

创新思维就是异想天开。

——郭沫若

没有大胆的猜测就不可能有伟大的发现。

——高斯

异想天开给生活增加了一分不平凡的色彩，这是每一个青年和善感的人所必需的。

——巴乌斯托夫斯基

赚钱之道很多，但找不到赚钱的火花——思想，便赚不到钱。

——佚名

想出新办法的人在他的办法没有成功以前，人家总说他是异想天开。

——马克·吐温

科学是最讲求实际的，也是最大胆的。敢想，才能创新，才能出奇。

——童第周

活力是创造的根本。

——吴文俊

大胆设想，小心求证。看来大胆还是必要的，当然大胆要建立在扎实的工作基础上。

——赵金科

进行科学研究时，我一向比较重视对最终结果的预测。

——卢嘉锡

科学规律的本身是客观真理，是不会陈旧的。人们运用这些规律的方式和作出的相应设计方案，却是日新月异的。

——王竹溪

科学的真正的、合法的目标说来不外是这样：把新的发现和新的力量惠赠给人类生活。

——培根

科学、科学知识总是假设的：它是猜想的知识。科学的方法是批评的方法：寻求和消灭错误并服务于真理的方法。

——卡尔·波普尔

科学在今天是我们的思维方式，也是我们的生活方式，是我们人类精神所发展到的最高阶段。

——郭沫若

世界上一切“想入非非”，都可能是伟大发明的先兆。

——胡廷楣

科学需要幻想，发明贵在创新。

——爱迪生

(二)巧想

巧想属于思维技巧，创新思维主要研究巧想的问题，也就是科学想象，它是思维的艺术。创新不仅要敢想，更需要巧想。

——林木

只有想的好，才有可能做得好。创新思维就是通过巧想解决那些不能解决的问题。

——林木

花 絮

有思路才会有出路

创新思维就是想出解决问题的新思路、新办法、新主义、新点子，就是想他人之所未想，见他人之所未见。毛泽东、邓小平之所以伟大，就是他们在中国最困难的时候能够想出解决问题的新思路。在新民主主义革命阶段，共产党人遭到蒋介石的大屠杀，毛泽东提出：枪杆子里面出政权，创建了中国工农红军；在土地革命战争阶段，有些人提出城市暴动，毛泽东根据中国革命的实际，提出农村包围城市、最后夺取政权；邓小平同志在中国怎么发展的徘徊中提出，对内搞活、对外开放，建设有中国特色的社会主义，使中国的经济实现了腾飞；在解决祖国统一问题上，他提出一国两制，都是解决问题的新思路。

（三）想象

想象就是想出一个创新者要创造新事物的形象，其中包括联想、幻想。技术性的创新要想出它是一个什么形状，能解决什么问题；理论成果要想出它的基本内容，解决什么问题。没有这个步骤就没有以后的创造。

——林木

科学到了最后阶段，便遇上了想象。

——雨果

对新的对象必须创出全新的概念。

——柏格森

有了精神的实验和观测作为研究的依据，想象力便成为自然科学理论的设计师。

——廷德尔

精神的浩瀚，想象的活跃，心灵的勤奋，就是天才。

——狄德罗

这个世界变得越来越发达，同时由于发达之后导致很多人感觉无聊，当这个世界变得出奇无聊的时候，有些人就变得出奇的聪明，把别人的无聊变成现金，这就是想象力。

——江南春

有了精神的实验和观测作为研究的依据，想象力便成为自然科学理论的设计师。

——廷德尔

在想象力面前，利润率是不平等的。

——江南春

没有思索就没有想象，没有想象就无法创新。

——新格言

人具有动物所没有的东西——创造性、想象力。

——马克斯韦尔·莫尔兹

一个没有想象才能的人,一个没有创新本领的人,总是平庸无能,总是细察别人,总是喋喋不休。如果再自命不凡,那肯定是个蠢材。

——狄德罗

科学乃是人类追求真理的一系列认识活动——对于未知现象提出假说,用事实来验证或否认假说。

——何新

在科学研究中,是允许创造任何假说的,而且,如果它说明了大量的、独立的各类事实,它就上升到富有根据的学说的等级。

——达尔文

想象的才能是人类活动最伟大的源泉,也是人类进步的主要动力……毁坏了这样才能,人类将停滞在野蛮的状态中。

——(苏格兰)杜格尔德·斯特华特

人类社会文明史正是由人们依靠创造力实现的辉煌成就构成的。想象是人类能力的试金石。

——(美)奥斯本

现在已被证实的一切,都曾经仅仅是想象。

——(英)布莱克

才能最明显的标志,无疑就是想象的能力。

——(法)巴尔扎克

想象力作为一种创造性的认识能力,是一种强大的创造力量，它从实际自然所提供的材料中，创造出第二自然。

——(德)康德

想出新办法的人在他的办法没有成功以前，人家总说他是异想天开。

——(美)马克·吐温

知识，百科全书可以代替，可是，考虑出的新思想、新方案，却是任何东西也代替不了的。

——(日)川上正光

科学是人类思维的自由创造。

——(法)彭加勒

智力上的跃进，惟有创造力极强的人生机勃勃地独立思考，并在有关事实的正确指导下走上正轨，才能实现。

——(德)普朗克

一个具有天才性格的人，绝不遵循常人的思想途径。

——(法)司丹达尔

应该冒险！这是思想的权利——要假设，要冒险。

——(俄)巴甫洛夫

每一种假说都是想象力发挥作用的产物。

——(德)普朗克

有了精确的实验和观测作为研究的依据，想象力便成为自然科学理论的设计师。

——(英)廷德尔

作为一个发明家，他的力量和多产，在很大程度上应归功于想象力给他们的激励。

——（英）廷德尔

不要屏弃幻想！

——（苏联）奥布鲁切夫

现实世界是有界限的，而想象世界无边无界。

——（法）卢梭

传统白须如雪，而幻想却总是那样年轻。

——（美）惠蒂尔

想象力是人的最高的特权之一。

——（英）达尔文

想象是精神世界中最有力的杠杆。

——（英）华兹华斯

没有想象力的灵魂，就像没有望远镜的天文台。

——爱因斯坦

科学最伟大的进步是由崭新与大胆的想象力所带来的。

——（美）杜威

想象力比知识更重要。

——爱因斯坦

想象力统治了世界。

——（法）拿破仑

想象是创造的开始。你想象你所愿意的东西；你决心要得到你所想象的东西；最后你就创造出你决心得到的东西。

——(英)萧伯纳

想象可以使感觉敏锐的人成为艺术家,可以使勇敢大胆的人成为英雄。

——(法)法朗士

没有大胆的猜测就不可能有伟大的发现。

——(德)高斯

没有大胆的猜测就做不出伟大的发现。

——(英)牛顿

科学最伟大的进步是由崭新的大胆的想象力所带来的。

——(美)杜威

想象力既是艺术创造的根源,也是科学发明的源泉。

——佚名

想象力是创造的翅膀,有了想象力,你的创造就可以像鸟儿一样自由自在地翱翔在理想的天空中。

——佚名

智慧和幻想对于我们的知识是同样重要的,它们在科学上也是具有同等的地位。

——(德)李比希

不下决心培养思考的人,便失去了生活中的最大乐趣。

——(法)法朗士

对于创新思维来说，见林比见树更重要。

——（英）贝弗里奇

创新思维中的想象，是指创新者利用大脑，对自己过去感知的事物，进行加工改造和重构，塑造出新事物形象的过程。想象一般有再造想象、创造想象、有意想象和无意想象。

再造想象，它是根据语言文字的描述或图样的示意，在大脑中随即形成相应形象的想象。

创造想象，是人脑对过去感知的事物进行加工、改造和重构，塑造出新事物形象的一种特殊思维活动。

有意想象，是根据一定的目的和计划，在创新者的控制下进行的遐想，也是根据一定的创新目标进行的“思想实验”。

无意想象，是一种无目的、无计划、不为人知的自觉意识所控制的自由不羁的想象活动。

联想

联想是由一事物想到另一事物，由当前的事物想到而后有关的另一件事物。

联想具有扩散性。联想的空间就像茫茫宇宙，可以从古到今，从天上到地下；很多毫不相干的事物，通过联想就能把它们联系到一起，创造出新事物。

独创常常在于发现两个或两人以上研究对象或设想之间的联系或相似之点。

——贝弗里奇

联想是渐进的，随着时间的延长，数量会越来越多，质量会逐步提高。

相似联想，是指联想物和触发物之间存在着一种或多种明显特征的联想，例如看到鸟飞就想到飞机，又想到航天飞机，又想到宇宙飞船。

逆反联想，从事物的一面，联想到事物相反的另一面。如看到日军侵华史、南京大屠杀就联想到要加快我国的经济建设，提高综合国力，建设强大国防。

接近联想，是指由联想物和触发物之间比较接近的关联关系而引发的想象。如看到履带式拖拉机就想到坦克，进而想到打赢未来战争，再想到建设强大国防，加速国民经济发展。

幻想

幻想是想象的一种类型，它是指向未来的想象，它可以超越现实满足未来的愿望。

幻想具有跨越性。古人连飞机都没有见过，但却想出了嫦娥奔月；连电话都没见过，但却能想出顺风耳、千里眼。

科学也需要创造，需要幻想，有幻想才能打破传统的束缚，才能发展科学。

——郭沫若

有人认为，只有诗人需要幻想，这是没有理由的，这是愚蠢的偏见！在数学上也需要幻想的，甚至没有它就不可能发明微积分。

——列宁

想象在创新中的作用

一是塑造新事物的形象。二是弥补创新素材的不足。想象可以弥补创新活动中素材的不足。军事创新是在做前无古人的事业，有些创新有资料可以利用，有些根本没有资料，需要创新者通过想象来完成。三是获取创造新事物的方法途径。在创新中，当创新者完成新事物形象的想象后，怎样获取这一新事物，达到创新的目的，其方法途径也要靠想象。

想象和推测可以补充事实链条中不足的和还没

有发现的环节。

——高尔基

想象力能带领我们超越以往范围的把握和视野。

——安东尼·罗宾斯

商品开发离不开创新构想,创新构想是人类智慧中最美丽的花朵。

——郭光华.商品开发技巧

想象力比知识更重要,因为知识是有限的,而想象力概括着世界的一切,推动着进步,并且是知识进化的源泉。严格地说,想象力是科学研究的实在因素。

——爱因斯坦

灵感

灵感,是创新者在思考某些问题时,思维达到高潮以后突然出现的一种最富有创造性的思维现象,它常常以"一闪念"的形式出现,但却能使创新思维达到质的突破。它具有随机性、易逝性、新颖性。

灵感产生需要一个过程,更需要一定的条件。这些条件包括研究思考的中心问题、信息的大量积累和深入思考。

创新思维需要一定的灵感,这灵感不是天生的,而是来自长期的积累与全身心的投入。没有积累就不会有创新。

——王业宁

有两样东西，愈是经常和持久地思考它们，对它们日久弥新和不断增长之魅力以及崇敬之情就愈加充实着我的心灵：我头顶的星空和我心中的道德准则。

——康德

基于聪明的设想出现的创新数量极大，哪怕成功的百分比比较小，仍然成为开辟新行业、提供新职业、给经济增添新活动面的相当巨大的源泉。

——彼得·德鲁克(美国管理学权威).创新和企业家精神

灵感的诱发

利用联想诱发灵感。当人的思维达到一定阶段，对要解决的问题百思不得其解时，很可能会因为相关事件的刺激而顿时产生各种联想，思维豁然开朗，问题迎刃而解，这就是灵感的诱发，也可以叫触类旁通。

利用触发诱发灵感。触发是指人在受到某种刺激，特别是与别人讨论或争论时，受到别人或自己提出某种想法的激励而直接迸发出灵感。

制造顿悟诱发灵感。这种灵感诱发形式不需要借助外界的“触体”刺激，而是通过自己头脑中内在的省悟和内部的“思想闪光”诱发而来。

灵感的捕捉与加工

要善于捕捉灵感。捕捉灵感的前提是掌握自己灵感到来的规律，熟悉灵感诱发的方法。

要善于加工灵感。灵感初到时，还是模糊的，要把其变成有用的东西，还必须对其进行加工整理，形成方案。

在灵感闪现之后，应很快回到逻辑思维中去，使之上升到一个新的理性认识阶段，巩固和发展“灵感客人”悄悄给您送来的精美礼物。

——钱学森

创新中的直觉

直觉也是灵感的一种类型，它是人们对客观事物本质和规律比较迅速直接的认识和反映，是人类思维特有的悟性。有“第六感觉”之称。

由于直觉对感知的事物凭的是经验，没有调查研究论证的环节，省了许多程序和时间。所以，它与一般的由逻辑判断所得的结论相比具有迅速快捷、省时、超前的优势。

开发培养直觉。创新者在创新中的直觉是在系统掌握专业知识和丰富工作经验基础上产生的,要开发自己的直觉,必须勤学习、善观察、多积累。

创新中要善于假设

假设也叫假说,它是创新常用的一种思维方式,它的表现形式是假设……;假如……;如果……等等。假设经过实践证明是正确的,就会成为真理。创新必须充分利用假设,没有假设就没有创新,假设越科学,创新的成功率就越高。

十六、顺向思维与逆向思维

（一）顺向思维

顺向思维就是顺着事物发展的客观规律想问题。

——林木

顺向思维在政治上叫顺势而动，就是顺应历史发展潮流，借用多方面的力量（包括借权、借势、借力）达到创新的目标。一般情况下，人的智慧也只有顺势而动才能发挥作用。

——林木

顺向思维，在技术创新中就是顺着原理想问题：在管理创新中，就是顺着形势，包括国家形势、社会需求、本单位的工作需要想问题。

——林木

万物生存要适应环境，人也不例外，这种环境既包括自然环境，天时、地理，也包括人文环境，政治形势、人际关系。可以概括为在现有环境中求生存，在现有环境中求发展。这就需要顺向思维。

——林木

物竞天择，适者生存。要发展就要利用环境，在现有环境中求发展，谁利用的好，谁发展得就快。

“适应环境、利用环境”，在创新中就是顺向思维。

——林木

（二）逆向思维

逆向思维是从事物现存关系的反面、相反顺序和方向，即颠倒的、对立的方面开展思维。它是一种非常规性思维，是不得已而为之，是在顺向思维行不通的情况下才利用的一种方式。

1. 反面求索。以核武反核诈，保和平必备战，以法制保稳定，以纪律保安全。

2. 反向法。散步锻炼倒着走，发射卫星倒着数；以退为进，以守为攻；增兵减灶、减兵增灶；吃亏是福，沉默是金；明修栈道，暗度陈仓；声东击西，示假隐真；骄兵必败、哀兵必胜；无钱装阔，钱多哭穷；升迁后还说不想干，占便宜硬说吃了亏。

十七、求异思维与求同思维

(一)求异思维

求异思维是人们在社会活动中,针对一定的问题,开展的与众不同、具有积极意义、取得不同结果的思考。

求异的目标是超出,是创造人无我有,人有我优的新事物。最终超过前人,超过同行,超越自我。

——林木

创新中的求异思维就是不盲从、善质疑、敢超出。

求异思维就是标新立异,独树一帜,创造不同。

——林木

要想进步和不退步,必须别出心裁,至少应该异地取材。

——鲁迅

应该"标新立异",但应该是群众所欢迎的"标新立异"。

——毛泽东

求异是进步的、积极向上的,而不是低级庸俗的。

——林木

独辟蹊径才能创造出伟大的业绩，在街道上挤来挤去不会有所作为。

——威·布莱克

独特实际上是对平常的突破，意味着一种求新的生命力。

——素素

与众不同，也是一种时髦，一种社会前进的积极因素。

——陈祖芬

打破成规，新世界才能出现。

——库帕法伯格

踩着前人的脚印前进，最佳结果也只能是“亚军”。

——李可染

随人作计终后人，自成一家才逼真。

——（宋）黄庭坚

不经过迷惑，你总不会聪明；要成长，你总要独创才行。

——歌德

经验贵在自己创造。

——叶圣陶

养成习惯是我们的失败，因为习惯究竟是一个定型的与世界有关的。

——（英）佩特

一个人想做点事，非得走自己的路。

——李政道

不泥古法，不执己见，惟在活而已矣。

——郑板桥

真正独树一帜的只是少数人，多数都是跟在别人屁股后面转的。

——歌德

由于有所共鸣与传承，人类才不至于过分地迷失和绕圈子走老路，由于有所区别，人类才会有发展。

——王蒙

遇到难题时，我总是力求寻找巧妙的思路，出奇制胜。

——朱清时

独创性，就是发现那些横在我们面前，但却没有人命名，因而也就无人提起过的事物。不具备独创性的人们通常要等到别人给那些事物命名之后再去正视他们。

——尼采.快乐的科学

只有广泛的得到教益，自己才能兼容并蓄，融会贯通，然后才能独创一格。

——苟慧

求异思维的运用：一位专家要有一面学术旗帜，一个人要有一种积极向上，与众不同的作风、风格；组织一次活动要有一次的特色。

花絮

求异思维——向上的阶梯

求异思维是一种优秀可贵的品质。美国学者特曼早在1921～1923年间，从25万名学龄儿童中选出1528名高智商者，其中男生857人，女生671人，探索他们成才的规律。这一研究一直跟踪到1972年，中途因特曼逝世，其他美国心理学家接替了特曼的工作。最后，研究者对这些儿童中150名最成功者和150名最不成功者进行比较，发现两者在智力上并没有什么不同，其差别主要是非智力的品格因素，而其中的求异思维起主导作用。只有善于发现问题，敢于提出问题才能创新。

（二）求同思维

求同思维是创新者在创新过程中，为了实现某个目标，坚持求同存异、综合概括，创造新事物的思维活动。

1. 技术集成。美国的阿波罗工程，设有为其制造一个专用新零件，全部是现有人员、思想、技术、材料、器械的集成。

2. 信息综合。创新者可把不同的信息综合起来，形成一种新信息。如综合多种观点形成新观点，综合多种思想形成新思想，综合多种理论形成新理论。

3. 功能组合。把服务于同一对象的物件组合起来，创造出了一种新物件。如组合家具、组合文具、组合电工工具、组合床上用品。

4. 装备技术组合。军队以汽车为基础，把微机、电台、标图桌等办公工具组合起来，创造出了作战办公车；集指挥系统、通信系统、卫星定位系统、导航系统和空调系统等高技术系统为一体，创造出了作战指挥车。

（三）求异思维与求同思维相辅相成

创新者在创新中，不可能只单独使用某一种思维方式，而常常是几种思维方式同时使用。求异思维与求同思维是两种不同的思维方式，它们相辅相成，互为补充。创新者在创新中，常常是先使用求同思维或求异思维，当一种思维方式不能满足创新需要时，就会使用另一种思维方式。因此，求同思维与求异思维常常交叉使用，相得益彰，它们共同担负着创新的使命。

十八、发散思维与收敛思维

(一)发散思维及其特征

发散思维是指创新者为实现创新目标,从不同的角度以不同方法、不同途径探寻多种解决问题方法的思维,亦称辐射思维、扩散思维、开放思维。

逻辑思维往往是沿着一条直线运行,通过概念、推理、判断的形式,运用分析、归纳、概括的方法来寻找一种正确的答案。如是不是?行不行?这样好还是那样好?而发散思维则是为解决一个问题,不受任何限制,打开想象的大门,张开思维的翅膀,海阔天空地思考,力求得出多种结果。如果用图形来表示,我们可以把要解决的问题作为思维的起点,把解决问题的方案作为途径,要解决的问题好比中心点,方法途径恰似太阳四射的光芒,向四周发散(见发散思维示意图)。

(二)收敛思维及其特征

收敛思维,亦称辐合思维、汇聚思维、集中思维等,它是指把发散思维所产生的众多结果,集中于某一主攻方向,从而找到一种相对最佳的方案。收敛思维以某一研究对象为中心,将众多的思路和信息

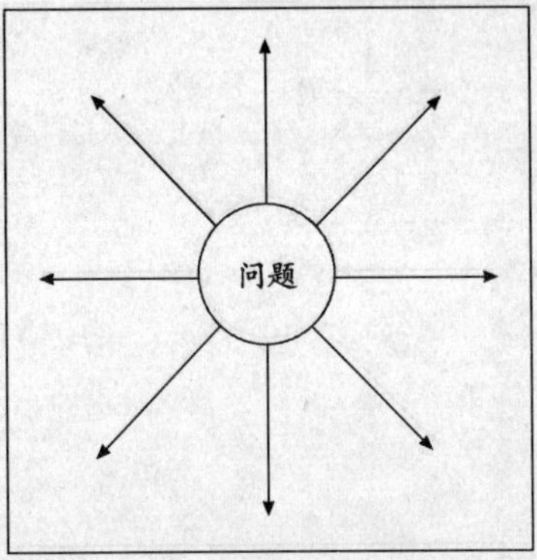

发散思维示意图

辐集于这个中心点，通过比较、筛选、论证、综合，从而得出在现有条件下解决问题的一种最佳方案。如果用一个图形表示，它与发散思维图形的箭头正好相反，即将散开的光线全都汇聚到一个中心点（见收敛思维示意图）。因此，从广义上讲，它属于“异中求同”的逻辑思维。例如，20 世纪 60 年代，美国的阿波罗登月计划为了解决航天员到达月球表面的着陆问题，先后提出了一万多个方案。科学家进行综合归纳，从而确立了安全可靠的软着陆登月方案，这就是收敛思维。

（三）发散思维与收敛思维相辅相成

首先，发散思维与收敛思维互为条件。创新者在思维过程中，发散思维所得出的众多方案和结果，

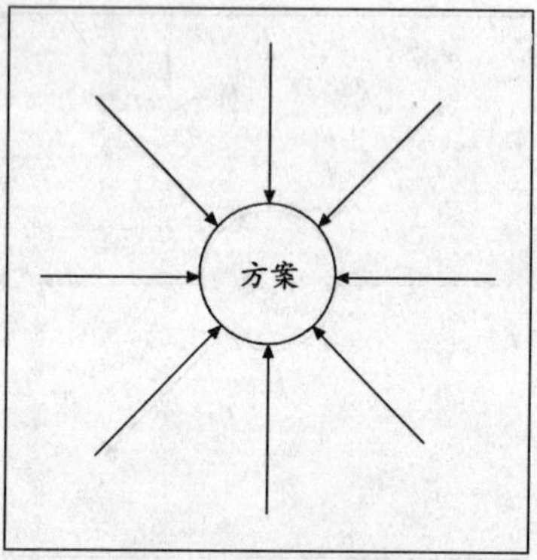

收敛思维示意图

是收敛思维的前提和基础。只有思维经过大量发散，提出尽可能多的方案，才有可能通过收敛、综合优化出最佳方案。另外，收敛思维的集中点又是发散思维的出发点。任何发散思维，都不是无目的、无根据进行的，它总是将一个点作为中心，然后扩散开去，而这个点正是收敛思维的集中点。如果离开了收敛思维为发散思维提供的中心点，发散思维根本无法进行。

其次，发散思维和收敛思维交替进行。在创新思维过程中，创新者先通过发散思维寻找创新的目标，经过收敛思维确定目标；然后再根据这个目标开展发散思维，思考创新的途径和方法，再经过收敛思维确定最佳途径和方法；这个过程就是一个“发散—收敛—再发散—再收敛”循环往复的过程。

十九、逻辑思维与非逻辑思维

(一)逻辑思维

逻辑思维是以一定的逻辑规律和逻辑判断进行的思维。逻辑规律包括逻辑学上的同一律、不矛盾律、排中律和充足理由律;逻辑判断包括直言判断、假言判断、选言判断、联言判断以及若干定律和方式等。

逻辑思维在创新思维中具有推理严密和结论科学的特征。

从推理严密性讲,逻辑思维常常是从概念出发,通过比较、分析、推理、判断,得出结论。因此,逻辑思维一般都是在现有知识和经验的范围内进行,只要概念正确,判断推理无误,结论一般也会正确。正如毛泽东同志指出的:“指挥员正确的部署来源于正确的决心,正确的决心来源于正确的判断,正确的判断来源于周到的和必要的侦察,和对于各种侦察材料连贯起来的思索。”

——毛泽东．毛泽东选集,第1卷[M].北京:人民出版社,1967.

从结论的科学性讲，一是逻辑思维总是以知识和经验为基础，它不像非逻辑思维那样猜测，它的结论总是建立在一定的基础上的，总显得有根据、有道理。二是逻辑思维分析推理的过程总是步步衔接、环环相扣。这样，只要收集的信息准确，判断推理无误，结论一般也会正确。所以，逻辑思维的结论具有一定的科学性。由于逻辑思维具有推理严密、结论正确等特征，因此它具有极大的创造性。就目前看，大部分创新课题都是依靠逻辑思维确定的。

（二）非逻辑思维

非逻辑思维，亦称非常规思维，它是不按既定的逻辑规则去思维，不满足和不拘泥于已有理论和具体事物，而是通过思维过程的自由联想，海阔天空地想象，将各种信息进行重新排列组合，从而得出新颖性结果的思维。

非逻辑思维是一种超常规思维。郭沫若说，创新思维就是“异想天开”，这“异想天开”就是一种不合情理、没有科学根据、超乎人们预料的思维。由于非逻辑思维突破了传统逻辑规则的限制，因而在思维过程中它表现出直接创造性、异常性特征。从创造性讲，有时按逻辑规则不能解决问题，它就得依靠非逻辑思维打破常规、异想天开地直指目标，进行创造；从异常性讲，非逻辑思维由于在思维过程中总是不按人们的思维习惯想问题，往往造成思维产生的结果异常离奇。

(三)逻辑思维与非逻辑思维相辅相成

非逻辑思维是对逻辑思维的补充和发展。任何创新活动都是在前人已有知识的基础上进行的,每一位创新者都要学习和接受前人的知识和经验,用人类文明成果来武装自己,这就必须接受和运用已有的逻辑思维规则,只有当它在固有的逻辑思维道路上受阻或无能为力时,才利用非逻辑思维来为自己开辟道路。所以,非逻辑思维是对逻辑思维的补充,二者在创新思维过程中常常是交替进行,共同担负着创新的使命。

逻辑思维帮助非逻辑思维提高思维质量。在思维过程中,利用非逻辑思维所得出的认识,做出的发明创造,必须用逻辑加工整理,使其理性化,继而形成新的经验和知识保存下来。如19世纪,有些科学家都逻辑地论证了飞机是怎么不可能飞上天的,所以想制造飞机的人大多被视为“疯子”、“狂人”,然而,当飞机发明成功以后,这些“异想天开”的非逻辑思维很快便上升到了新的逻辑高度,并继而转化为新的知识。现在的知识和逻辑,不仅能正确地说明飞机可以在天上飞行,而且还可以进一步论证其超强的稳定性和可靠性。

第三篇
创新方法

对于创新来说，方法就是新的世界。

——郎加明．创新的奥秘

科学的方法是创新成功的捷径。

——林木

观察、试验、分析是科学工作常用的方法。

——李四光

在科学事业中，真正的天才是那些发明新的研究方法的人。

——(英)罗素

人的正确观点，如同阿基米德的杠杆，找个支点，就能扳动整个世界。

——(美)杰弗逊

面对变化，唯有创新，谁继续以往的做事方式，注定带来灾难乃至灭亡。

——德鲁克

研究某种重要的实验条件，往往要比发现个别事实更有价值。

——巴甫洛夫

在自然科学中，创立方法，任何研究工作都应有所创新。创新的基础，一是新概念的指导，二是新方法的突破。

——王鸿祯

学问越钻越深，脑子越用越活；技术越练越精，能力越做越强。

创新路上荆棘多，没有方法通不过；方法科学路径短，笨拙方法成蹉跎。

良好的方法能使我们更好的发挥运用天赋的才能，而拙劣的方法则可能阻碍才能的发挥，因此，科学中难能可贵的创造才华由于方法拙劣可能被削弱，甚至被扼杀；而良好的方法则会促进、增长这种才华。

——贝尔纳（法国科学家）

创新时代实际上是信息时代的天然的伴随物。尽管我们掌握了新的信息，但仍然有薄弱环节，它不是出现在信息的创造上，也不是出现在信息的贮存上，甚至也不在信息的获取上，而是出现在利用新的信息去做新的事情上。

——斯威尼（美国管理学家）．致未来的总裁们

二十、组合创新法—集成创新

组合创新法，也称选择组合创新法。它是创新者按照一定的原理，经过选择把两种以上的事物(技术、物件)组合在一起，形成一种新事物。

组合，通常被认为是创造性动力的源泉。

——奥斯本(美国创造学创始人)

所谓创新就是在创新者个人的能力范围内把现有的素材进行新的组合。

——冯·范格

集成创新能力：集成首先是一种方法，它是把现有的技术或成果集中起来，形成一种新的技术或成果。熟能生巧，把这种方法转换成人的能力，就是集成创新能力。

引进、吸收、消化、再创新能力：首先引进，再进行消化，然后吸收其对我有用的东西，再对其改造、补充、完善，形成新的技术或成果。熟能生巧，再把这种方法转换成人的能力，就是引进、吸收、消化、再创新能力。

美国的登月工程，动员了42万人，使用了1万多个零件，没有一个是专为登月工程发明的，全部是对现有技术的利用组合。

——韦伯（美国阿波罗工程的总指挥）

任何单位都是一种组合。家庭是男人与女人、房屋、家具的组合；单位是领导与群众、物资的组合，学校是领导与教师、学生、设施、物资器材的组合。完成任何一项任务是完成任务的主体——人，与一定的经费、物资和使用方法的组合，组合的好，可以实现1+1大于2的功能，组合的不好就会出现1+1小于2的结果。人类进入文明社会就一直在研究组合，组合是人类创新研究的永恒主题。

——林木

（一）主体附加

主体附加，是以一种事物为主体，通过对其添加，形成另一种新事物，或增加主体事物功能的一种方法。

主体附加还可以分为从主附加和主从附加。从主附加是指让次要事物为主要的事物服务，主从附加是让主要事物为次要事物服务。

主体附加在装备技术创新中运用得较为普遍，收效也最为明显。机械装备大部分都是主体附加创新的结果。主要做法是以某一种装备为主体，通过对其添加另一种装备或技术，形成另一种新的装备或技术。如把加工餐饮的装备安装在汽车上，创造出了餐饮系列保障车：如炊事车、快餐车、冷藏车、保温车；把卫生医疗器材安装在汽车上创造出了卫生医疗系列车：如 X 线诊断车、救护车、野战手术车等；把加油装置安装在汽车上创造出了加油车，把净水设备安装在汽车上，稍加改造就创造出了净水车，喷洒车；把卫生装备安装在汽车上，创造出了公路清洁车、扫雪车，等等，都是以汽车为主体进行附加的结果。

技术人员还以飞机为主体，通过对其添加，创造出了空中加油飞机、卫生手术飞机、伤病员后送飞机、气象飞机；以舰船为主体，通过对其添加，创造出了卫生保障船、伤员后送船、物资补给船、综合保障船；以卫星为主体，通过对其添加，创造出了侦察卫星、新闻卫星、通信卫星、气象卫星、测量卫星，等等。

在普通百姓的日常生活中，照样也可以通过主题附加进行创新。一辆自行车前面加一个小筐，用起来就很方便；在普通自行车上加一个发动机，就可以提高行进速度；再在旁边加上一个车轮，就可以成为三轮车；再在上面加一块平板，又成了平板车。在我们的生活中，有很多代步工具、人力运输车辆，都是以自行车为主体，通过对其添加或稍加改造形成的。

以人为主体通过对其添加，提高工作效率的创新尤为明显。医疗系统以医生为主体进行附加，在医生的头部加一个直径 71 毫米的卫星高清晰度分辨摄像机，微型送话收话器，一个 0.7 英寸的彩色显示屏。基层的医生在为病人检查伤病时，摄像机可以把伤病员的伤情或病情，传输给中心医院的专家，中心医院的专家利用该系统可以收到伤病员的伤情和病情，并利用该系统把对伤情和病情的处置意见传达给基层医生，基层医生利用显示屏和收话器，收看收听到中心医院专家对伤情或病情的处置意见，再对其进行处置。当遇到特别疑难病情时，还可以同时发送给多个专家，中心医院的专家们还可以利用这套系统，进行会诊，形成一个好的处理方案，通过该系统发送给基层医生，基层医生再按专家组的意见对伤病员的伤情和病情进行处理。

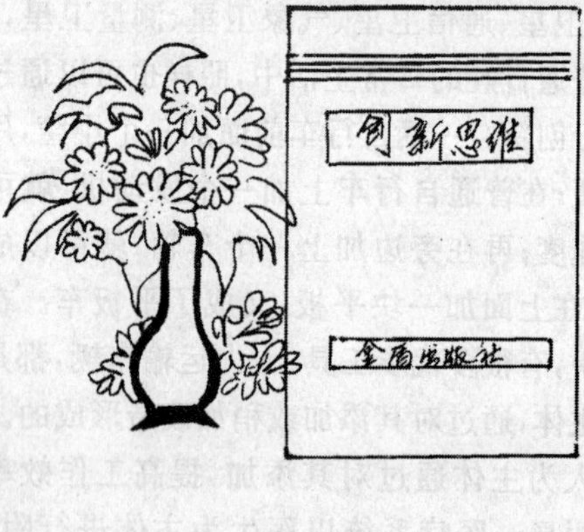

花絮

主体附加威力大

军队是执行政治任务的武装集团，主体附加创新在军队作战装备中应用十分普遍，成效也十分明显。就拿小小的头盔属来说，它诞生于第一次世界大战，在德军与法军的一次交战中，德军飞机到法军阵地轰炸，法军一个在炊事班值班的老炊事员急中生智，就把一口为伤号做饭的小锅扣在头上，作为防护器材，飞机轰炸时，他只听见弹片、石块与铁锅碰撞的响声，德军飞机飞走后，他摸了摸脑袋，竟完好无损。可其他士兵，由于没有小锅的防护，头部受伤的人大部分死亡。他认为是铁锅救了他的命，顿时对铁锅的感激之情油然而生。在这名炊事员的建议下，以锅为原型的头盔应运而生，并装备部队。多年来，头盔的主要作用是保护头部，减轻杀伤。可是近年来，美军以头盔为主体，对其进行添加，使头盔的性质产生了质的飞跃。美军以头盔为主体，在上面附加了电子显示屏、送话收话器、像增器、激光探测器、防弹防激光护目镜和防生化面具等七八种高科技产品。士兵在显示屏上可以看到指挥中心发来的各种图像信息，并可与单兵武器上的热瞄准器配合使用，利用热瞄准具对战场进行扫描，就能在头盔显示屏上看到敌方的地形特征、敌人位置，只要把热瞄准具对准目标，在显示屏上看到目标，一扣扳机，百发百中；送话收话器可以把自己发现的情况和需求传输出去，也可以收到指挥中心发来的各种语言信息；像增器可以提高士兵对目标的识别捕获能力，提高了士兵的夜视和夜间作战能力；至于防弹防激光护目镜等方面的附加，使头盔的功能倍增。

小小的头盔，通过对其添加使其发生了质的变化。至于 B-52 飞机和航空母舰这两个庞然大物，通过主体附加，使它们在战场上大显神威。美军的 B-52 轰炸机，已经服役 50 多年，由于设备老化，曾有人几次提出让其退役。但与此同时，也有人通过联想，提出了为其添加有关现代化信息技术和置换主要部件的建议，以提高 B-52 的功能。美军经过论证，采纳了后者的建议，为其安装了全球定位系统，以及与高精度武器配套的软件和硬件，使它能够挂载发射带有惯性导航装置和雷达装置系统的导弹，加装了风力修正弹药分配器、前视红外探测器、电子对抗系统等等，使 B-52 轰炸机的动力、“视力”、命中率、攻击力大大提高，它集多种先进技术于一体，摇身一变，竟成为美军信息化战场上的杀手锏。美军还计划通过进一步添加和置换，让其服役到 2040 年。

现代科学技术如此发达，一种新技术产生，马上会被作为主体或附加，与其它技术组合创造出多种新技术和装备。美英军队70%的信息化武器装备都是以原机械化武器装备为基础，通过对其添加信息技术改造成功的。

(二)异类组合

异类组合,就是创新者根据工作需要,选择不同的对象,把它们组合起来,创造出一种新事物。

异类组合的方式很多,有不同的人与人的组合,不同部门与部门的组合,不同物与物的组合,不同技术与技术的组合,不同人与物的组合,不同人、物、技术与任务的组合;怎么组合对工作有利就应怎么组合,工作需要什么样的组合就应怎么组合。

在异类组合创新中,最常见的是不同的人与人的组合。根据完成任务的需要,把不同专业、掌握不同知识、不同观念的人组合在一起,就可以形成知识、能力的互补,力量的合力;把不同年龄、不同专业技术职务等级的人组合在一起,就形成了干部队伍的梯次配置,使干部队伍建设形成良性循环。

根据上述原理,人们创立了人才成长发展的杂家—专家—大家的理论,其发展路子是:杂家——40岁前在各个岗位上都干一干,熟悉情况;专家——40以后要专心干一个专业,到50岁成为一个行业的专家;大家——在一个专业潜心研究,到60岁就成了赫赫有名的大家。

过去科研班子、领导班子运用的是不同知识的人组合，现代社会的发展，要求一个人掌握多种知识，办综合大学。一个人要成为一个称职的领导、专家，不仅要掌握众多知识，而且应有较多的、丰富的经历，成为一个全面的复合型人才。

在异类组合创新中，最典型、最具突破性的是掌握高技术的人与高技术装备的组合。物由人造，事在人为，人为的事物都是人的思想、行为作用的结果。有什么样思想的人，就能创造出什么样的事物。

（三）分解重组

分解重组是创新者把原有的事物进行分解，再按新的需求组合起来。分解重组时需要扬弃，去粗取精，补充新的成分，形成一种新事物。

所谓创新，往往只是将早已存在的东西加以变化。

——普拉斯

一个部门刚刚诞生属于同类或异类组合的结果，给人以新鲜的感觉；一个单位总是老样子，时间长了会使人产生惰性，这个时候就要变化。有一种变化使人产生危机，由此产生压力，就能调动积极性，这种变化就是分解重组。

生产力与生产关系的关系也是如此，当生产力发展了，生产关系不适应生产力需要的时候，就要对生产关系进行改革，这种改革有时就是分解重组。我国在改革开放初期，对各级机关进行的调整就是一种分解重组，对厂矿企业进行的关、停、并、转，也是对生产力及生产关系的分解重组。21世纪以来，我国高速发展的经济充分说明，这种分解重组是非常正确的。

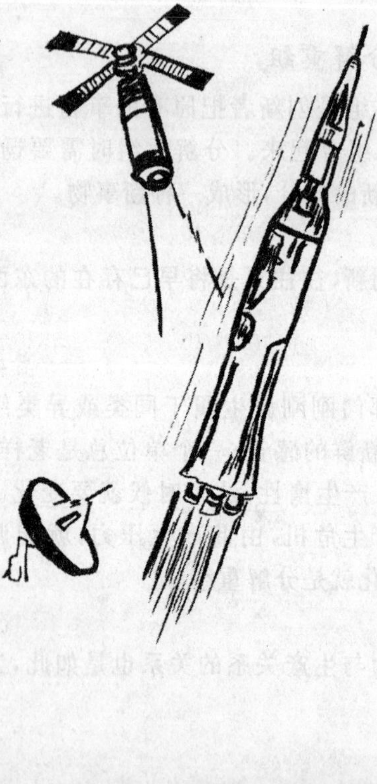

花絮

组合创新定乾坤

在举世瞩目的第四次中东战争中，以色列和叙利亚就是因为能不能采取组合创新抢修武器装备最后导致战争胜负的。以色列军队在战争初期失利的情况下，战前采取主体附加方式，在美制 42 式半履带装甲车上加装修理器械，将其改装成野战修理车，战中哪里有损坏的武器装备，就把修理车开到那里；在修理方法上积极开展拼装修理和换件修理，把损坏装备的完好零部件集中起来，经过拆卸拼装成好装备，整个战争进行了 18 天，以军修复坦克、装甲车 2700 多辆，达损坏装备的 90%，使战斗力迅速恢复再生，为第二阶段的作战积蓄了力量。由于以军战斗力生成较快，在战争第二阶段，以军转败为胜。而叙利亚则利用传统的修理方式，损坏的武器装备等待后送修理，在戈兰高地损坏坦克 611 辆，他们仅修理了 95 辆，500 多辆全部丢弃，修复率仅为 16%，严重影响了战斗力，在战争第二阶段，在以军反攻面前转胜为败。

二十一、交合创新法

交合创新法，也称信息交合创新法。是创新者把不同的信息交合起来，创造新信息的方法。如新观点、新思想、新理论等都是多种观点、思想、理论交合的结果。

一个人的进步需要新思想。吸收别人的思想，加上自己的思想，就能使自己的思想超越、升华；一届领导班子需要新思想，其做法就是吸纳先进的思想，综合多人的思想，通过交合创建新思想。

在技术创新中，交合就是杂交。达尔文的《异花受粉和自花授粉的效果》杂交的发现是进化论之源；袁隆平的杂交水稻形成新水稻也是交合创新的结果。

交合与组合不同，组合利用的是叠加，是在保持事物原貌的基础上，与其他事物加在一起，形成新事物；交合是一种“水与乳”的交融，是把两种以上的信息、技术、思想融合在一起，形成新信息、新技术、新思想；组合的主要对象是人和物，交合的主要对象是信息;组合以后可以看到旧事物的原貌,交合以后看不到旧事物的原貌,只能感觉到它的某些意义。

(一)方法交合创建新方法

方法交合创建新方法,是把两种以上的方法交合起来,创建新方法的方法。

交合创新法可以用社会科学方法与自然科学方法交合,在现实工作和生活中可以用于管理方法与政治工作方法的交合,这是提高工作效率的好方法。

郭兴福教学法就是军事指挥方法、政治工作方法交合的结果。20 世纪 60 年代,南京军区某部副连长郭兴福在带兵训练中,边指挥、边抓活思想、边做思想工作,形成的郭兴福教学法,得到毛泽东主席的肯定。全军掀起了学习郭兴福教学法、创造新练兵方法的高潮。

司马迁编著《史记》的方法是一种编写文学与史学方法的交合,他把中国上下 3000 年的历史,分为 12 本纪、10 表、8 书、30 世家、70 列传。本纪、世家、列传,是以文学传记的手法反映历史的方法。

(二)技术交合创建新技术

技术交合创建新技术是指把几种技术交合起来创建一种新技术。

技术交合创新要在自然科学技术与社会科学技术、中国的技术与外国的技术、传统的民族技术与现代科学技术、民用技术与军用技术进行交合探索。

近年来,美军把计算机的高技术与传统的武器装备修理技术交合起来,创造了武器装备的故障自行判断技术系统,工作效率大大提高。过去武器装备发生故障后需要拆卸开,查找故障发生的原因和部位,然后再排除。武器装备故障自行判断技术系统,是将维修专家的判断技术和经验编成软件,用于对武器装备故障的检查“诊断”。如武器装备发生故障后,用户向计算机输入不能起动、动力低、发动机冒烟、高油耗等异常故障,该技术系统就可以告诉用户应检查哪些部位,再输入检查结果,它就可以提示维修人员故障发生的部位和维修方法。这一技术的创立,即使刚刚入伍的新兵,经过简单培训也能很快从事修理工作。

(三)理论交合创建新理论

理论交合就是把几种观点、理论、思想交合起来,创建一种新观点、新理论、新思想的方法。

没有什么比我们只有一种思想更危险了。

——爱米尔·查蒂尔(法国哲学家)

人与人的差异主要是思想的差异,这种差异常常导致行为的差异、学术水平的差异、认识问题的差异，最终造成处理问题能力的差异和进步快慢、职务高低的差异。如果是一届领导班子思想观念的差异常常造成单位与单位的差异、国家与国家的差异。

不同的学科交合后创建新学科，理论交合的跨度越大，创新度越高。理论交合创建新理论应在多种理论之间交叉发展，创建新理论、新学科。

毛泽东思想就是多种思想、理论交合的结果。毛主席 1967 年 6 月 17 日，在同周世剑的谈话中说："毛泽东思想是马列主义同中国革命实践相结合的产物，是集体智慧的结晶，是一种思想体系，一种指导中国革命和建设的正确的思想体系。"早在延安时我就说："这不是我一个人的思想，是千百万革命先烈用鲜血和生命写出来的，是党和人民智慧的结晶。"这也充分说明毛泽东思想是多种思想理论交合的结果。

(四)方法与技术交合创建新方法与新技术

方法属于社科类的，技术属于自然科学类的。方法与技术交合创造新方法(新技术)。如把人工办公方法与计算机技术、网络技术交合起来，使工作效率大大提高。如办公自动化、网上交流等等，都是方法与技术交合的结果。

二十二、关联创新法

万事万物都是联系的，关联创新法就是创新者根据一事物与另一事物相关的关联关系，通过关联联想，创造新事物的方法。

军队与国家、社会在多方面有着密切相关的关联关系，在军队内部后勤与军事又有密切相关的关联关系。就后勤与军事来讲，一是性质相同，后勤是军队的一部分，后勤与军事都是执行革命政治任务的武装集团，是国家专政的柱石。二是宗旨相同，后勤和军事都是为保障国家安全而创建、而存在、而发展，离开了保证国家安全，军事及后勤就失去了存在的意义。三是相互依存。后勤是为军事建设、作战服务的，军事需要什么样的后勤，后勤就应怎么建设；仗怎么打，后勤就应怎么保障。这种性质、宗旨的相同性，军事和后勤的相互依存性，保障工作的服务性要求后勤必须根据后勤与军事的关联关系不断创新。

（一）方法关联创新

方法关联创新是创新者根据自身与有关事物的关联关系，通过联想创造新方法的方法。

方法关联创建新方法在军队中应用得最为明显，尤其是后勤通过自身与作战部队的关联关系，创建的成果最多。从现有的保障方法讲，有许多方法都是依据自身与军事的关联关系创建的。如军事上有合同作战，后勤就创造了合成保障；军事有联合作战，后勤就创造了联合保障；军事上提出全时空、全方位作战，后勤创造出全时空、全方位、全过程保障；军事上提出集中力量、重点打击，集中主要兵力兵器于主要作战方向，后勤就提出以主要人力物力保障主要作战方向，形成拳头，保障重点；军事上有立体作战，后勤就创造出立体保障，等等。有些保障方法不仅观点相同，连名称也极其相似相近。如合同作战与合同保障、联合作战与联合保障、精确打击与精确保障、立体作战与立体保障、蛙跳式战术与跨越式保障等，都是关联联想创新的结果。

(二)理论关联创新

理论关联创新是一事物利用自身与另一事物紧密相关的关系在本领域创建新理论的方法。

军队有很多学科是通过军队与国家、社会关联关系创建的。如国家有经济学，军队就创造出军事经济学；国家有哲学，军队就创建了军事哲学；国家有卫生学，军队就创建了军队卫生学，国家有交通运输学，军队就创建了军事交通运输学，等等。

创新者要把视角深入自己所在以外的其他领域，不断关注这些领域的新情况、新变化，适时地在本领域提出新观点、新思想，创建新理论、新方法。

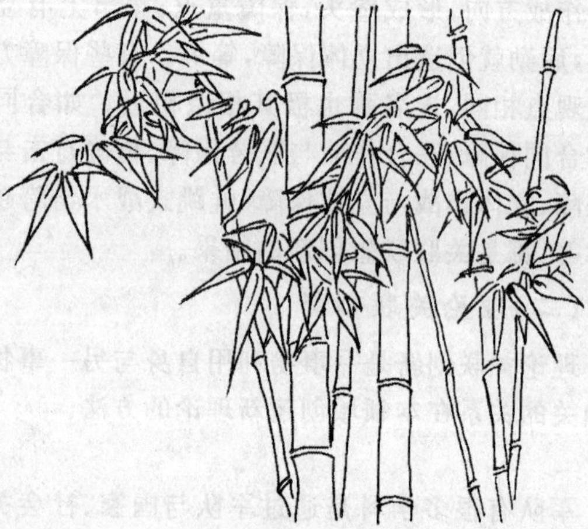

二十三、模仿创新法

模仿创新法，是指创新者对其他领域里有关事物进行模仿，在本领域创造类似新事物的方法。模仿的本质是要创造。

任何模仿都不是单纯的依样画葫芦，其中必然有新的思索和新的创造。

——鲁迅

照抄照搬别国经验、别国模式，从来不能得到成功。这方面我们有过不少教训。

——邓小平．邓小平文选，3[M]．北京：人民出版社，1993，146.

如果学习只在模仿，那么我们就不会有科学，也不会有新技术。

——高尔基

所谓独创能力，就是经过深思熟虑的模仿。

——(法)伏尔泰

模仿不是简单的照搬，而在于根据它的功能，按我需要，吸取其精华，补充其没有的东西，创造出新的东西。学习的过程实际上就是模仿的过程。

——林木

创造性模仿不是人云亦云，而是超越和再创造。

——哈佛大学教授西奥多·莱维特

模仿加改良等于创新。

——佚名

引进、消化、吸收、再创新。

会模仿，又加以创造，再创新。

创造困难，而模仿容易。

——(法)纪德

学习也是模仿，但不是简单的模仿，不论学多少知识，重点是在对知识的掌握和灵活迁移。所以，学习要用思想学，重点是学习其中的思想，通过学习并创造出自己的思想来。

——林木

模仿将要比模仿的原型还可贵；模仿需要花费更多的苦心和更大的劳动。

——法朗士

即使日本人现在也不得不超越模仿、进口和采用他人技术的阶段，学会由自己来进行真正的技术创新……

——彼得·德鲁克(美国管理学权威)

模仿创新有三个要素：

一是供体，就是被模仿的对象；二是受体，就是即将创造的新事物；三是模仿，即创造新事物的过程。

模仿创新法的两种途径：

第一，确定发明创造的对象，并围绕发明创造的对象进行研究分析，找出难点，然后带着难点到社会去寻找启发物，并进行模仿，创造新事物。如飞机是人类模仿老鹰的结果。人类要上天，但人没有翅膀，飞不起来，所以就模仿老鹰，创造了飞机，从此人类可以乘坐飞机遨游太空。飞机的机翼就相当于老鹰的翅膀，机翼中的翻转翼根据飞机飞行的需要来回翻转，形成了老鹰翅膀的功能。第二是先发现启发物，经过仔细分析研究，弄清基本原理，再将其原理移植到即将创造的新事物中，实现发明创新。如办公自动化就是人通过电脑受到启发，进而把电脑功能引进到办公系统创造出来的。

(一)同类模仿

同类模仿创新是创新者把其他领域里已有的，本领域里没有的同类事物模仿过来，去粗取精，再加上自己的设想，创造出新事物。

(二)异类模仿

异类模仿，是把有关事物的原理、功能，模仿迁移到即将创造的另一类新事物中，创造新事物。

人类通过模仿老鹰飞翔的本领，创造出了飞机；通过模仿海豚畅游大海的本领，创造出了潜艇；通过模仿人脑研究出电脑；通过模仿人的功能，创造出机器人；通过模仿人寻找目标的智慧，创造出智能炮弹；通过模仿青蛙跳动原理，模仿出了蛙跳战术；通过模仿中国武术中的点穴功夫，创造出了精确制导导弹远程精确打击的点穴战术。异类模仿创造的潜力最大，要大力开展异类模仿。

锥之行阵，卑子若剑，未不锐则不入，刃不薄则不利，本不厚则不可以列阵。是故未必锐、刃必薄、本必鸿。然则锥行之阵可以决绝矣。

——孙膑

意思是说，在进攻战斗中，像锥子一样的兵力部署，好比是一把利剑，前锋部队不像锥尖一样锐利突破就插不进去；两翼部队不像锥刃一样薄，就不能灵活机动；后续部队不像锥柄后座一样雄厚有力就不可以作战。所以，前锋部队要像锥尖一样锐利，两翼部队要向锥刃一样灵活，后续部队（预备队）要像锥柄后座一样雄浑有力，锥形之阵就无往而不胜。这是孙膑把锥子的功能模仿到军队作战的兵力部署中，是异类模仿的结果。

花絮

儿童玩具——积木与军队编制体制

据史料记载，军队编制体制是模仿积木灵活组合原理的结果。积木本是一种儿童玩具，军事家们把积木灵活组合的原理运用到军队的编制体制、战斗队形的编成当中，创造出了军队的编制体制和灵活多变的兵力部署。因为，军队作战的敌情、地形千变万化，军队兵力部署、战斗队形都要随着敌情、地形的变化灵活变化，为了争取时间，夺取胜利，军队编组要快。所以世界很多国家军队都采用了“三三制”式的积木式编制体制，一个军三个师、一个师三个团、一个团三个营……无论是进攻还是防御，兵力部署多是前三角或后三角，经过像积木一样的灵活组合，很快就可以形成多种多样的战斗队形。

二十四、移植创新法

移植创新法，是把已知事物的功能、原理、材料等移植到即将创造的新事物中，使即将创造的事物产生质的突破，或形成另一种新事物。

“他山之石，可以攻玉”。移植创新法就是借用其他学科领域里的理论、思想、方法、技术在本学科领域创造新事物。

各学科之间是有内在联系的，为了解决某一科学领域里的问题应该借助其他学科的有关知识。

——诺贝尔

正确的道路是这样：吸取你的前辈所做的一切，然后再往前走。

——(俄)列夫·托尔斯泰

创新必须交流，关起门来是不能创新的。

——钱伟大

真正有创新精神的人必须眼观四方，对于各种进步都要去了解，使之为自己的工作服务。

——钱伟大

不学习前人的成果，就没有新的发明。

——陈云

创新，离不开借鉴；借鉴，应是为了创新。

——新格言

人们必须继承与发展中华文化的精粹，吸收和融合世界各民族的文化精华，扬弃人类文化的历史糟粕，创造新世纪全球化时代的新文化。

——路甬祥

没有学习，不会有创造；没有继承，不会有发展。

——马铁丁

要继承才能创造发展，继承是创造发展的基础。最能创造发展的人，也是最会继承的人。

——徐特立

“学习”是“创造”的前提，又是“创造”的过程。

——茅盾

真正所谓成就，也就是在前人的知识和经验的基础上有所发展。

——邓拓

移植是科学发明的一种主要方法，大多数发现都可应用于所在领域以外的领域。

——（英）贝费里奇

现代科学技术的发展表明，用自然科学领域的方法解决社会科学领域的问题，用社会科学方法解决自然科学领域的问题已成为一种创新的捷径。近年来，世界获诺贝尔奖的大部分成果都是用这种方法获得的。

20世纪五六十年代，日本的经济水平与我国差不多，70年代，日本大力移植了美国及西方国家的先进技术，国民经济得到了快速发展。我国改革开放后的经济发展，既移植了日本的发展模式，又移植了西方许多国家的先进技术，所以发展速度较快。

移植创新法借助于联想和类比，它是通过联想把两个或几个事物联系起来，通过类比找到已知事物和待创造事物的共同点或相似点，再考虑已知事物的功能、原理、材料、方法、技术在待研究的事物中如何运用。所以说联想是移植创新的桥梁，类比是移植创新的灵魂，能否找准两事物的相似点和共同点是移植创新成功的关键。

移植创新法的步骤：

一是先有原型，使人受到启发，然后进行有针对性的移植。

二是先有创造目标，再去寻找被移植的对象，并巧妙地将原型技术移植到待研究的事物中来。

(一)方法移植

方法移植，就是把其他学科领域里的方法移植到自己工作的领域里来，用这些方法技术在本领域解决问题，创造新事物。

由于军队机械化程度提高，油料消耗量大大增加，各国军队都在想办法解决油料保障问题。按照这种逻辑思维必然认为：只要油料供得上，机械化部队就可以长驱直入，大大提高作战能力。所以，各国军队都在以油料的多少，油料保障装备先进程度评价保障能力，进而大力开展油料装备的研制。可是法国一位油料专家竟想到：如果能研制一种只耗空气，不耗油的汽车，不是一切问题都解决了吗？建议提出后，法国环境保护部以保护环境、治理污染为由，首先进行研制，并已初见成效。只耗空气不耗油的汽车，每加一次空气汽车可以行进10小时。如果把这种只耗空气不耗油的成果移植到军队来，军队的作战能力将大大提高，油料保障压力将大大降低。

就目前看，数学可以用于很多领域，许多学科如果能与数学结合，将会面目一新。

数学是自然科学的皇后。

——（德）高斯

数学科学是大自然的语言。

——（意大利）伽利略

什么科学都离不开数学。数学家攀上了人类思想的最高峰。

——希沃洛克·蔼理士

一门科学只有成功地运用数学时，才称得上达到完善的地步。

——马克思

所谓科学，包括逻辑和数学在内，都是有关时代的函数，所有科学连同它的理想和成就统统都是如此。

——穆尔

唐虞之世，自羲和治历，暨司空后稷工虞典乐五官者，非度数不为工。数学是“穷方圆平直之情，仅规矩准绳之用也。”

——徐光启.刻几何原本·序

(二)数学移植

用数字说明问题。在材料里加上几组数字，就能使原本平淡的材料翔实生动，简捷有力地说明问题。

标准化。各个专业都有标准，标准就是对数学的运用，标准制定得越准确，工作越好开展。原苏军有一本《计与算》的书，认为许多工作是计算的科学，计算得好，工作就开展得好，反之就是差。

用数学的方法进行科学思维。古人有“神计妙算”之说，这里的算，就是计算；计是谋的意思，计也要算，用白话说，计就是算计。这里算与谋处于同一层次，谋略也离不开计算。把每个计划、方案用数学的方法量化，进行比较，从中选优，就是谋略。

(三)技术移植

计算机的技术。计算机原来用于数学运算，第一个把计算机用到办公领域是一大创新。根据这个思路，把计算机技术移植到指挥管理领域，把指挥管理方法与计算机技术结合起来，创造出了指挥管理自动化。

(四)材料移植

有许多材料可以移植到所在单位以外的领域，如：建筑行业，以前门窗都是木质的，后来移植了金属，发明了金属门窗；现在又移植了塑钢，有了塑钢门窗。在餐饮领域，中国的传统餐具都是瓷器的，由于移植了其他领域的材料，现在有了纸杯、塑料杯、塑料餐具。在高科技领域，许多材料的移植使高科技产品产生了质的突破，

(五)理论移植

马克思主义源于法国，由马克思创立。前苏联、中国等社会主义国家把马克思主义引进到本国，创建了适合本国情况的新理论。毛泽东思想、邓小平理论，都是马克思主义与本国实践相结合的结果。

二十五、克服缺点创新法

(一)克服缺点创新

克服缺点创新法是创新者先列举出现有事物的缺点,然后加以改进,提高事物功能和质量的方法。

任何事物都有缺点,能够发现事物的缺点是创新的起点,能够提出改进的方案是创新的良好开端,能够采取科学的方法,改掉缺点,提高事物的质量,就是对社会发展的一大贡献。

(二)缺点逆用创新

缺点逆用属于一种逆反思维,它是不改变事物本身,通过改变使用方法,使事物的缺点变成优点,做到人尽其能,物尽其用,提高工作效率的创新方法。

缺点逆用的前提条件:有用与无用的属性共存于一事物的内部,是事物本身具有的客观属性。

缺点逆用创新法的应用:有用与无用是由人主观决定的,是一种思维的灵活变通。

由于人们需要不同，使一事物在此时此地无用，而到彼时彼地就有用；对此人无用，对他人有用。所以换种思路，换个场合，换一种使用方法，就可以变缺点为优点，把原本没有用的事物派上用场，这是一种思维的灵活变通。

1. 变废为宝。在现实生活中，有很多废物如果换个思路、换个用法，就可以变为宝贝，大大发挥物资应有的潜能。

某造纸厂，生产了一批纸，未放黏合剂，致使这批纸洇的无法使用，不但推销不出去，还得占用仓库并派人保管。一个偶然机会，厂长看见儿子写作业时墨水滴在作业本上，正用粉笔吸。他联想到本厂仓库里无黏合剂的纸，回去一试，吸干功能比粉笔好得多。他决定把纸统一裁成 5 公分见方的小方块，并进行精致包装，推向市场，作为吸干纸出售，不但取得了比一般纸还好的经济效益，还申请了创新发明吸干纸的专利。

2. 巧用缺点。在管理中，难度最大的是对人的管理，根据每个人的特长，恰当地为其安排工作，做到人尽其才，是提高工作效率的有效途径。在一般人眼里，有些人有些缺点，如果能把他们的缺点当优点使用，就有可能发挥他们的长处，使原来的缺点变成优点。

3. 将坏事变好事。本世纪初，某单位有一大学毕业生，领导和群众都很喜欢，进步很快。但后来他骄傲了，大错不犯，小错不断，游手好闲，久而久之领导和群众对他有了看法。一年，单位年终考核他不合格，领导要辞退他。他在领导面前痛哭流涕，说自己有很多困难，请求领导再留他干一年，干不好第二年走人毫无怨言。领导满足了他的要求，他接受以往的教训，卧薪尝胆，调整与同事的关系，工作中总是给自己施加压力，大胆创新，再接再厉，后来竟升了职。有的人不理解，说当年都确定要辞退的人，如今怎么还当上了领导。这就是他将坏事变好事，变压力为动力。有很多下岗职工，失去了工作，经过自己努力奋斗，干出一番事业，成为企业家，进入中国个人富豪榜者比比皆是，都是坏事变好事的结果。

花絮

卧薪尝胆，将坏事变好事

一个国家有这样或那样的优势，也有这样或那样的劣势，能以劣势为压力，变劣势为优势，就可以将坏事变好事。就拿日本来说，国土狭小，地震多、火山多，他们总是担忧，受别国欺负。日本前首相中曾根康弘说：日本国土狭小，靠什么与人竞争，靠什么立足世界，靠创新。他们下定决心开展创新，确定技术创新立国战略。(1)在小学三年级至大学的教育中，普遍开设创新课程，普及创新技法；为了扫除创新的文盲，创办了星期日发明学校，对家庭妇女和没有工作的人免费开放。(2)电视台创办创新专题节目，普及创新知识；每年还要举办创新设想竞赛，次年5月揭晓获奖名单，一等奖高达50万日元，从而引起全国发明热。(3)确定国家发明节，日本把每年4月18日定为“日本国发明日”，当天要表彰往年成绩卓著的发明者。由于日本重视创新，一大批发明家应运而生。当今世界发明大王中松一郎就是日本人，他在50年的发明生涯中，共获专利2 360项，大大超过爱迪生1 320项的发明。据统计，2000年以来，世界各国每百万人专利申请量的第一名就是日本，为 2 580 项；德国为第二，530 项；澳大利亚为第三，407 项。正是由于日本人善于变压力为动力，他们已经成为世界经济大国。

第四篇 创新实践

在建设创新型国家中，理论创新、体制创新、技术创新、教育创新是一个统一的整体。理论创新是所有创新的指南，所有的创新必须以理论为指导；体制创新是保证，只有建立与创新相适应的体制，才能保证创新的正常进行；技术创新是先锋，只有技术创新才能带来经济效益，所有的创新都要落实到技术创新上；教育创新是传承，所有的创新成果、创新经验、创新技法都必须靠教育来传承，否则一切必须从零开始探索。

二十六、理论创新

我们的理论是发展的理论，而不是必须背得烂熟并机械地加以重复的教条。

——马克思恩格斯．马克思恩格斯选集，4[M]．北京：人民出版社，1995，681.

马克思主义继承者也不断强调："马克思主义一定要向前发展，要随着实践的发展而不断发展，不能停滞不前。停止了，老是那么一套，它就没有生命力了。"

——毛泽东．毛泽东选集，5[M]．北京：人民出版社，1997，417.

马克思主义理论从来不是教条，而是行动的指南。它要求人们根据它的基本原则和基本方法，不断结合变化着的实际，探索解决新问题的答案，从而也发展马克思主义理论本身。

——邓小平．邓小平文选，3[M]．北京：人民出版社，1993，146.

马克思主义具有与时俱进的理论品质，与时俱进，就是党的全部理论和工作要体现时代性，把握规律性，富于创造性。

——江泽民．在中国共产党第十六次全国

代表大会上的报告[R]. 北京:人民出版 2002,12.

对马克思主义经典著作的学习和运用,不能搞照抄照搬的教条主义、本本主义,一切都要从我国的国情出发,从建设有中国特色社会主义的实际出发。不能拿本本去框实践,而是要用实践去发展本本。

——江泽民:论“三个代表”[M]. 北京:中央文献出版社,2001,75,76.

学习马列主义、毛泽东思想和邓小平理论,关键是要掌握其理论实质,善于把其基本原理运用于社会主义改革和现代化建设的新实践,并在理论和实践的结合中勇于创新。

——江泽民:论“三个代表”[M]. 北京:中央文献出版社,2001,75.

坚持马克思主义,最重要的就是要坚持马克思主义的科学原理和科学精神、创新精神,善于根据客观情况的变化,不断从人民群众的实践中吸取营养,不断丰富和发展理论,使理论更好地指导我们的工作。

——江泽民:论“三个代表”[M]. 北京:中央文献出版社,2001,46,51.

我们建设有中国特色社会主义,许多问题没有本本可以找,需要运用马克思主义的基本原理在分析和总结新的情况和新的实践中求得解答。死搬教条,不顾实际发展提出的新的要求,就不能前进。

——江泽民.论“三个代表”[M].北京:中央文献出版社,2001,130.

我们要坚持理论联系实际,进一步解放思想,实事求是,大胆创新,开拓进取,决不能因循守旧,故步自封。

——江泽民:论“三个代表”[M].北京:中央文献出版社,2001,130.

中国共产党是高度重视理论指导、不断推进马克思主义中国化、善于进行理论创新的党。这里所说的马克思主义中国化,就是把马克思主义基本原理同中国具体实际和时代特征结合起来,运用马克思主义的立场、观点、方法研究和解决中国革命、建设、改革中的实际问题,坚持和发展马克思主义;就是运用中国人民喜闻乐见的民族语言来阐述马克思主义理论,揭示中国革命、建设、改革的规律,使之成为具有中国风格、中国气派的马克思主义。

——习近平.关于中国特色社会主义理论体系的几点学习体会和认识

马克思、恩格斯多次指出,他们的理论不是教条,而是行动的指南;对他们理论中一般原理的实际运用“随时随地都要以当时的历史条件为转移”。

——习近平.关于中国特色社会主义理论体系的几点学习体会和认识

列宁也指出,马克思的理论“所提供的只是总的指导原理,而这些原理的应用具体地说,在英国不同于法国，在法国不同于德国，在德国又不同于俄国”。

——习近平．关于中国特色社会主义理论体系的几点学习体会和认识

马克思主义只有与本国国情相结合、与时代发展同进步、与人民群众共命运，才能焕发出强大的生命力、创造力、感召力。

——习近平．关于中国特色社会主义理论体系的几点学习体会和认识

以江泽民同志为核心的党的第三代中央领导集体，坚持改革开放、与时俱进，带领全党全国各族人民经受住国内外政治风波和经济风险等种种严峻考验，在深刻认识和准确把握世情、国情、党情发展变化的基础上，创立了“三个代表”重要思想。“三个代表”重要思想是中国特色社会主义理论体系承上启下的极为重要的组成部分。

——习近平．关于中国特色社会主义理论体系的几点学习体会和认识

以胡锦涛同志为总书记的党中央，坚持以邓小平理论和“三个代表”重要思想为指导，顺应国内外形势发展变化，发扬求真务实、开拓进取精神，继续推进理论创新和实践创新，提出了科学发展观等重大战略思想。科学发展观等重大战略思想是中国特色社会主义理论体系的重要创新成果。

——习近平．关于中国特色社会主义理论体系的几点学习体会和认识

衡量一种理论的科学地位的标准是它的可伪性或可检验性。

——波普尔(英)

一个具有天才禀赋的人,绝不遵循常人的思维途径。

——司汤达

(一)理论与理论创新

理论:“概念、原理的体系,是系统化的理性认识,具有全面性、逻辑性和系统性的特征。”

——辞海[M]. 上海辞书出版社,1999.

理论创新就是发现了别人没有发现的、想到了别人没有想到的、能够指导社会实践的新观点、新原则、新制度、新思想、新规律、新思路、新对策。

(二)理论创新的要求

1. 符合辩证唯物主义与历史唯物主义;

2. 应该有鲜明的时代特色;

3. 能够指导社会实践。

(三)理论创新的切入点

研究新特点、提出新观点、揭示新规律、制定新原则、创建新学说,等等。

(四)理论创新的方法

1. 通过关联联想创建新理论(参见本书 150~151 页)。

2. 用其他学科的方法解决本学科的问题，建立新理论。

3. 理论交合创建新理论。

4. 通过发现问题，提出新对策，建立新理论。

5. 通过逆反思维创建新理论。

逆反思维创新法运用的是逆反思维，它是创新者从事物发展和人们思维习惯的反面进行思维，创建新理论的方法。

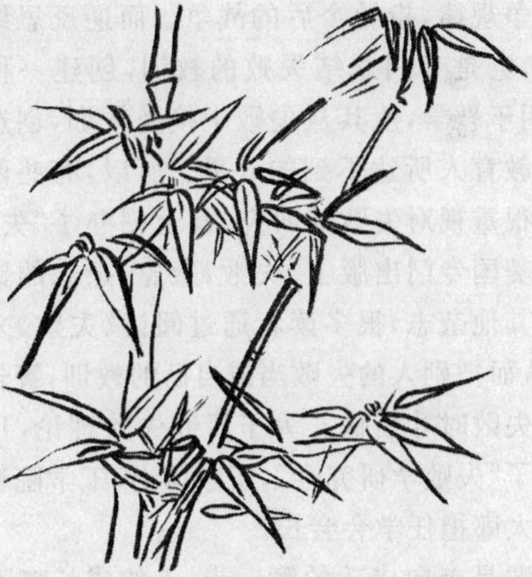

花絮

利用逆反思维创建新理论

在军事教育中，按顺向思维的惯性，常常都是从自己以往战争成功的经验中，归纳提炼成理论，应用于教学。这样做一方面是宣扬自己辉煌的战绩，使后人再接再厉；另一方面是让后人学习前人的经验，掌握战争规律，指导今后的战争。而逆反思维却恰恰相反，它是专门总结失败的教训，创建一种新理论，应用于教学，使其从失败中接受教训，创造用成功经验教育人所达不到的效果。所以，有些西方国家军队很重视对失败的研究，甚至创办了“失败学”学科。美国专门出版了《失败》杂志，杂志的销量远远多于其他杂志，很多读者通过阅读《失败》来感悟失败，从而把别人的失败当成自己的教训，警告自己不要等失败时才后悔。为了研究失败理论，日本专门成立了“失败学研究会”，工学博士、工学院教授畑村洋部太郎担任学会会长。

失败是走向成功的第一步，人的成长离不开失败，而社会也是在失败中发展前进的，失败转化为成功的关键是正视失败，把失败中隐藏的发展基因挖掘出来，指导我们的行动，可以避免失败。那种回避失败，不敢正视失败，不懂得从失败中吸取教训，甚至继续重犯上次失败错误的行为是愚不可及的。正是从这个基点出发，我军也开始对失败的研究，国防大学出版了《兵败》专著，保卫部门出版了《铁窗内外》、军务部门出版了《沉痛的教训》。这些反面例子都能很好地教育人们，力求避免失败，争取更大的胜利。

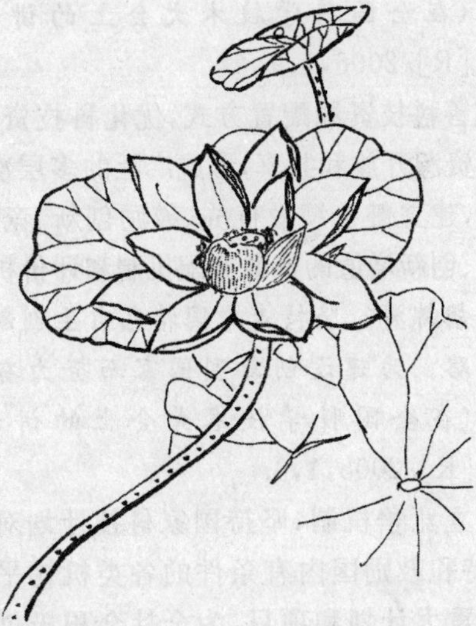

二十七、体制创新

深化科技体制改革，进一步优化科技结构布局，充分激发全社会的创新活力，加快科技成果向现实生产力转化，是建设创新型国家的一项重要任务。

——胡锦涛．坚持走中国特色自主创新道路　为建设创新型国家而努力奋斗（在全国科学技术大会上的讲话）[R]. 2006,1,9.

要完善科技资源配置方式，优化科技资源配置，促进科技资源开放和共享，形成广泛的多层次的创新合作机制，建立健全绩效优先、鼓励创新、竞争向上、协同发展、创新增值的资源分配机制和评价机制。

——胡锦涛．坚持走中国特色自主创新道路　为建设创新型国家而努力奋斗（在全国科学技术大会上的讲话）[R]. 2006,1,9.

要建立竞争机制，坚持国家科技计划对全社会开放，支持和鼓励国内有条件的各类机构平等参与承担国家重大计划和项目，为全社会积极创新创造良好条件。要加强科技基础条件平台建设，加强对重要技术标准制定的指导协调。在社会主义市场经济条件下，企业是市场竞争的主体，也是技术创新的主体。

——胡锦涛．坚持走中国特色自主创新道路　为建设创新型国家而努力奋斗（在全国科学技术大会上的讲话）[R]．2006，1，9．

只有先声夺人，出奇制胜，不断创造新的体制、新的产品、新的市场和压倒竞争对手的新形势，企业才能立于不败之地。

——黄汉清

企业的成败在于能否创新，尤其是当前新旧体制转换阶段，在企业特殊困难时期，更需要有这种精神。

——黄汉清

二十八、管理创新

用15年的时间使我国进入创新型国家行列，是一项极其繁重而艰巨的任务，也是一项极其广泛而深刻的社会变革。全党同志特别是各级领导干部务必深刻认识完成这项任务的极端重要性和紧迫性，加强领导、狠抓落实。

——胡锦涛．坚持走中国特色自主创新道路　为建设创新型国家而努力奋斗（在全国科学技术大会上的讲话）[R]. 2006,1,9.

加强组织领导，切实把提高自主创新能力作为关系全局的大事抓紧抓好。各级党委和政府要从贯彻落实科学发展观、实施好科教兴国战略和人才强国战略的高度出发，加强和改善对科技工作的领导，切实把科技工作摆上重要议事日程，立足当前，着眼长远，结合实际研究和提出本地区本部门的科技发展规划，制定和实施正确有效的促进科技发展的政策措施，扎扎实实推进科技工作。

——胡锦涛．坚持走中国特色自主创新道路为建设创新型国家而努力奋斗（在全国科学技术大会上的讲话）[R].

2006,1,9.

加强协调配合,加大对自主创新的支持力度。中央各有关部门和各级管理部门要紧密配合,加强对规划纲要落实工作的具体指导,加强统筹协调,强化政策支持,及时研究、解决重大专项和其他重点任务实施过程中遇到的困难和问题。

——胡锦涛.坚持走中国特色自主创新道路为建设创新型国家而努力奋斗(在全国科学技术大会上的讲话)[R].2006,1,9.

不能搞平均主义,平均主义惩罚表现好的,鼓励表现差的,得来的只是一支坏的职工队伍。

——史蒂格(管理学者)

打破成规,新世界才能出现。

——库帕法伯格

基于聪明的设想出现的创新数量极大,哪怕成功的百分比比较小,仍然成为开辟新行业、提供新职业、给经济增添新的活动面的相当巨大的源泉。

——彼得·德鲁克(管理学权威)

将来,先进国家生产的产品价值只有很少一部分是从蓝领工人的劳动及从资本中得来,而主要是从设想和创新中得到。创新时代实际上是信息时代天然的伴随物。尽管我们掌握了新的信息,但仍然有薄弱环节,它不是出现在信息的创造上,也不是出现在信息的贮存上,甚至也不在信息的获取上,而是出现在利用新的信息去做新的事情上。

——吉福德·平肖第三(美国咨询专家)

在识别创新思想方面最成功的公司总裁,总是善于同有创新意识的人打交道的,善于倾听他们的意见,包括听来有点古怪的意见。……为了获取创新思想,作为公司总裁必须乐于承认和接受由创新思想带来的种种不愉快。

——斯威尼

竞争优势的秘密是创新,这在现在比在历史上的任何时候都更如此。创造力对于创新是必要的,公司文化应该提倡创造力,然后将其转变为创新,而这种创新将导致竞争的成功。

——美国.未来学家

将合适的人请上车,不合适的人请下车。

——詹姆斯·柯林斯(管理学者)

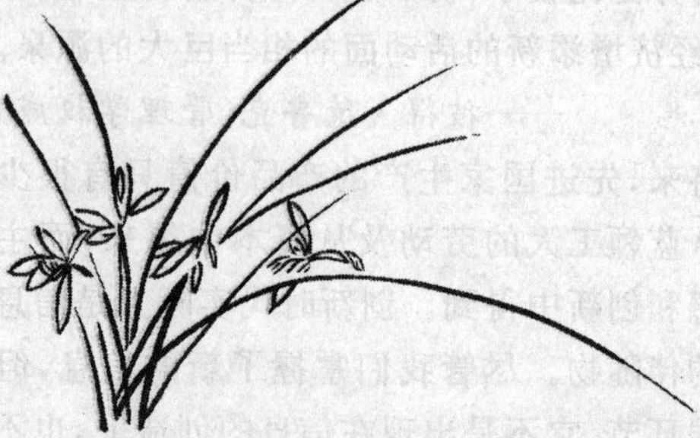

二十九、技术创新

要鼓励科研院所、高等院校与海外研究开发机构建立联合实验室或研究开发中心，支持在双边、多边科技合作协议框架下实施国际合作项目，支持我国企业扩大高新技术及其产品的出口和在海外设立研究开发机构或产业化基地，鼓励跨国公司在华设立研究开发机构。要积极主动参与国际大科学工程和国际学术组织，支持我国科学家和科研机构参与或牵头组织国际和区域性大科学工程。

——胡锦涛．坚持走中国特色自主创新道路 为建设创新型国家而努力奋斗（在全国科学技术大会上的讲话）[R]. 2006,1,9.

要深入研究节能环保、新一代信息技术、生物、高端装备制造、新能源、新材料、新能源汽车等领域的前沿关键技术，用先进技术支撑战略性新兴产业发展。要着眼于探索科技新知，深入开展基础研究，潜心探索自然规律，努力在世界科技前沿取得更多研究成果，为人类和平发展和文明进步拓展空间，用科学技术引领未来。要把科技创新与提高人民生活质量和水平结合起来，在防灾减灾、公共安全、生命健康等关系民生的重大科技问题上加强攻关，使科技成果更充分地惠及人民群众。

——习近平．科技工作者要为加快建设创新型国家多作贡献（在中国科协第八次全国代表大会上的祝词）[R]. 2011,5,27.

要自觉继承我国科技界长期以来形成的奋勇争先、崇尚一流、不甘落后的优良传统，努力营造勇于创新、宽容失败的良好氛围，使我国广大科技工作者不断增强开拓进取、锐意创新的信心和勇气，始终保持严谨求实、勇于创新的科学精神，不畏艰险、勇攀高峰的探索精神，团结协作、淡泊名利的团队精神，万众一心地为加快建设创新型国家建功立业。

——习近平．科技工作者要为加快建设创新型国家多作贡献（在中国科协第八次全国代表大会上的祝词）[R]. 2011,5,27.

我们要努力使科技创新成为经济社会发展主要驱动要素，为全面协调可持续发展提供持久动力；使科技创新成为产业发展的核心竞争要素，促进先进科技与产业深度融合；使科技创新成果成为惠及人民大众的有效手段，让先进技术广泛而深入地渗透到社会生活各个方面，实现从“中国制造”向“中国创造”的转变，推动我国走上科学发展、创新驱动、内生增长轨道。这样的新形势新任务，既对科技工作提出新的更高要求，也为科技工作者施展才华、勇攀高峰提供了更加广阔的舞台。

——习近平．科技工作者要为加快建设创新型国家多作贡献(在中国科协第八次全国代表大会上的祝词)[R]．2011,5,27.

商品开发离不开创新构想，创新构想是人类智慧中最美丽的花朵。

——郭光华

三十、企业创新

要建设以企业为主体、市场为导向、产学研相结合的技术创新体系，使企业真正成为研究开发投入的主体、技术创新活动的主体和创新成果应用的主体，全面提升企业的自主创新能力。

——胡锦涛．坚持走中国特色自主创新道路　为建设创新型国家而努力奋斗（在全国科学技术大会上的讲话）[R]. 2006,1,9.

我国广大企业家应该增强民族自信，树立世界眼光，坚韧不拔，百折不挠，为建设创新型国家贡献自己的聪明才智。

——胡锦涛．坚持走中国特色自主创新道路　为建设创新型国家而努力奋斗（在全国科学技术大会上的讲话）[R]. 2006,1,9.

创新是企业家的具体工具，也就是他们借以利用变化作为开创一种新的实业和一项新的服务的机会的手段。……企业家们需要有意识地去寻找创新的源泉，去寻找表明存在进行成功创新机会的变化征兆。他们还需要懂得进行成功的创新的原则并加以运用。

——德鲁克

创新是企业的灵魂，是企业持续发展的保证！

——海尔集团

创新应当是企业家的主要特征，企业家不是投机商，也不是只知道赚钱、存钱的守财奴，而应该是一个大胆创新敢于冒险，善于开拓的创造型人才。

——熊彼特

日日创新。

——日本索尼公司

赚钱之道很多，但找不到赚钱的火花——思想，便赚不到钱。

唤起消费者的需求不是一件容易的事，唯有创新能赢得广大消费者的青睐。

——郭光华．商品开发技巧

创意产业是创新经济时代的支柱产业之一，是21世纪的头脑经济、黄金经济，是一个国家软实力的重要组成部分。

——郎加明．科学时报，A8.2006，6，19.

T律——创新女神的杀手锏。

——郎加明．科学时报，A4.2006，6，19.

竞争优势的秘密是创新，这在现在比历史上的任何时候都更是如此。

——佚名

信誉是企业的生命，金钱损失了还能挽回，一旦失去信誉就很难挽回。

——佚名

市场经济全靠自己闯荡，在求异的同时就要创新。具体的感觉是，要把繁华世界看做蛮荒一片，把已经光彩夺目的物质文明看做还未开垦的处女地，大胆地按照自己的意愿开拓、塑造自己心目中的文明世界。

——颜建中．第四产业大崛起

国无制造业不强，国无服务业不富。现代制造业做强的密码，是个性化的批量生产；现代服务业做大的秘笈，是特色化的连锁经营。制造业的战略关键是装备业和信息业，服务业的战略关键是金融业和创意业。

——郎加明．科学时报，A4．2006，6，19．

我们在没有空调热得要命的大巴里挤来挤去不停与人搏斗的时候，他（陈天桥）却在寻找跑车。他情愿花很多力气去找。我们好不容易把别人挤下车有了一块儿属于自己的地方，觉得这就是我们的核心竞争力了。

——江南春

创新是指企业家实行对生产要素的新的结合。

——熊彼特．经济发展理论

真正的企业家都善于见人所不能见，为人所不能为。明摆着能成功的事，风险固然低，但赚得也少。做那样的事情，为自己的人力资本赚点工钱而已。

经济学的教科书中,这叫得个要素价格,即收支相抵,利润(企业家创新的风险回报)是没有的。利润只给敢冒风险、善于创新的人。因为,那才算企业家。

——韩朝华

或者创新,或者消亡。尤其是在技术推动型产业,再也没有比成功消失得更快的了。

——比尔·萨波里托

很多人把创意归结于偶然。其实创意的由来并非是大家所以为的“灵光一现”,积累是非常重要的过程。做楼宇液晶电视前,我在广告产业摸索了10多年,积累了丰富的经验和知识,深知整个产业的运作过程,知道市场最需要什么,受众最喜欢什么,广告主最在意什么,正是这10年的积累才会有2年前的“灵光一现”。“一夜暴富”这样的称号我实在不喜欢,天道酬勤这四个字,比较贴切。

——江南春

唯有忧患意识,才能永远长存。

——英特尔公司董事长兼CEO葛洛夫

我们需要为我们的产品创造需求。

——英特尔公司董事长兼CEO葛洛夫

崭新而令人激动的时髦产品是绝对短缺的。

——沃尔玛公司总裁戴维·格拉斯

未来真正出色的企业,将是能够设法使各阶层人员全心投入,并有能力不断学习的组织。

——彼得·圣吉

一个公司要发展迅速得力于聘用好的人才，尤其是需要聪明的人才。

——世界首富比尔·盖茨

把我们顶尖的20个人才挖走，那么我告诉你，微软会变成一家无足轻重的公司。

——世界首富比尔·盖茨

人才是利润最高的商品，能够经营好人才的企业才是最终的大赢家。

——联想集团总裁柳传志

可持续竞争的唯一优势来自于超过竞争对手的创新能力。

——著名管理顾问詹姆斯·莫尔斯

创新是做大公司的唯一之路。

——杰弗里(管理大师)

顾客是重要的创新来源。

——汤姆·彼得斯(管理学家)

创新是唯一的出路，淘汰自己，否则竞争将淘汰我们。

——英特尔公司总裁安迪·格罗夫

创新就是创造一种资源。

——彼得·杜拉克(管理大师). 管理就是沟通、沟通再沟通

致富的秘诀，在于“大胆创新、眼光独到”八个大字。

——陈玉书

三十一、军事创新

创新也是军队进步的灵魂，一支没有创新能力的军队，难以立于不败之地。

——江泽民

军事领域对抗和竞争最为激烈，因而也必然是创造多于模仿。

——江泽民

未来的高技术战争，战局极其复杂，变化异常迅速，指挥员创造性地制定战略战术，灵活应变，是制胜的关键要素之一。

——江泽民

我军要实现跨越式发展，必须大胆创新。

——江泽民

要发挥军事理论的先导作用，创新军事理论和作战思想，更好地指导和推动我军信息化建设和军事斗争准备。

——江泽民．在十届全国人大解放军代表团全体会议上的讲话

要建设军民结合、寓军于民的国防科技创新体系，加强军民科技资源的集成，实现从基础研究、应用研究开发、产品设计制造到技术和产品采购的有机结

合,形成军民高技术的共享和相互转移的良好格局。

——胡锦涛.坚持走中国特色自主创新道路 为建设创新型国家而努力奋斗(在全国科学技术大会上的讲话)[R].2006,1,9.

在战争中,你不要为绝对的观念所束缚?也不要为不可改变的契约或决定所约束。

——(英)福勒

在军事上,创新不能追时髦,要实事求是,仗怎么打,军队就怎样训练,围绕打仗和训练进行创新。

——林木

军人的创新能力不是天生的,他是军事训练和战斗实践锻造出来的。

军校不应该是培养办事员的行政学院,而应该是一所传授高等军事知识,造就未来新一代具有创新能力指挥员的大学。

决定战争胜负的因素不是武器装备,而是掌握这些武器装备、具有一定创新能力的军人。

充分准备是赢得战争胜利的关键,但不能根据战场情况灵活应变,创造性地运用战略战术,也难以取得胜利。

在备战时，永远应当根据这样的假设出发，即敌人不但像我们这样老练和英勇，而且还总是采取不利于我们的方式行动。

——(意)杜黑

对于军人，信心是走向成功的阶梯，毅力是支持成功的筋骨，创新是赢得成功的动力。

在军营中，平庸的人只会等待机遇来敲门，而善于创新的人则敢于果断地叩响机遇之门。

胜利只不过是爬起来比倒下去多了一次。但这最终源于毅力与创新。

如果把一次失败比作一个又一个零，那么坚持不懈的跋涉并取得成功就是跑在零前面的一。失败的多，经历的多，成功的可能性就大，收获也就丰硕。

美丽的花朵只有舍得凋谢，才能结出丰硕的成果；宝贵的青春只有甘愿创新，才能闪耀灿烂的人生光辉。

因为有峭崖，才会有瀑布的壮丽；因为有当兵的历史，才会有人生的光彩；因为有创新，才会有生命的辉煌。

任何水果在成熟之前都是苦涩的，任何人在创新成功之前都是艰辛的。

铁犁在耕耘中磨亮，军人在战争中成长，智慧在创新中闪光。

在军事领域，创造一事物总体格局中的局部优势，是作战指挥中以弱胜强逐渐转变为整体优势的精髓；在经济领域，发现两事物相对态势中的比较优势，是市场贸易中以小搏大逐渐转变为竞争优势的灵魂。天下的真理是相通的——军事思想可运用于经济活动；反之，经济理论亦可运用于军事指挥。

——郎加明．科学时报，A8．2006，2，17．

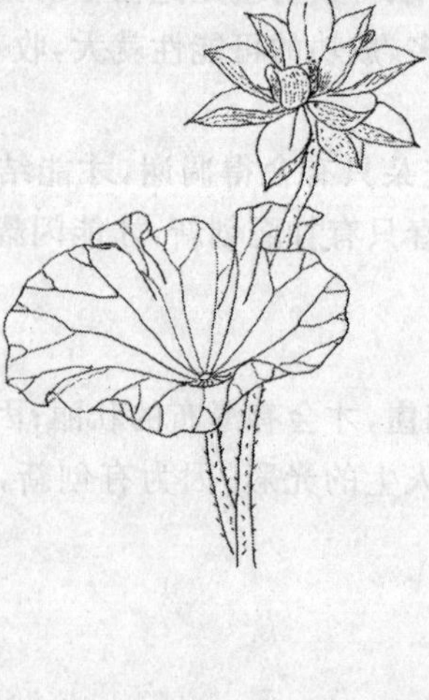

花絮

抗美援朝战争洪学智将军指挥志愿军后勤官兵创新略记

抗美援朝战争中，由于中国人民志愿军功勋卓著，1951 年 11 月，朝鲜最高人民议会常任委员会授予中国人民志愿军司令员兼政委彭德怀一枚功勋章。受勋后彭德怀在志愿军常委会上说：抗美援朝战争已经一年了，一年来，我们付出了巨大的牺牲，也取得了巨大的胜利，把敌人赶到了三八线以南，朝鲜人民感谢我们，给我们授勋，我彭德怀接受这个勋章是作为志愿军代表去的，但是如果论功行赏的话，这个勋章应该授予洪学智。他是为我们志愿军搞后勤的，工作极其艰苦，没有大量艰苦的后勤保障，我们就不可能取得这样大的胜利。彭德怀的话是发自内心的。

抗美援朝战争是一场现代化战争，中国人民志愿军面对的是世界上最强大的敌人，他们拥有现代化的武器装备，掌握着绝对制空权和制海权，为了切断我运输线，断我后勤供应，使用了最凶狠的作战手段——绞杀战。而我们，新中国刚刚成立一年，志愿军的武器装备型号杂，性能低，与美军形成明显反差。为了粉碎美帝国主义的企图，彭德怀及志愿军党委研究决定，有志愿军副司令员洪学智组织指挥志愿军的后勤保障工作。

洪学智这位身经百战、久经沙场的战将，接受任务后，就以超常的思维，惊人的魄力开展工作。经中央军委批准，成立了志愿军后勤司令部，有洪学智兼任后勤司令员，组建了包括高炮、步兵、公安军在内的后勤防卫部队。志愿军后勤战线的官兵们在洪学智的组织领导下，针对敌人的破坏特点，积极开展创新思维，大胆创新，终于战胜了美帝国主义的封锁破坏，赢得了后勤保障的胜利。

第一是巧妙设伏。朝鲜河流多，水深流急。我军车辆人员渡河必须有桥，但是美军一旦发现桥梁必炸无疑。为了避免敌人轰炸，志愿军后勤官兵们把桥架在水下，桥面居水面仅二三十公分，从上看根本没有桥，但在没有敌机威胁的情况下，我军运输车辆通过这些水下桥，源源不断地把人员物资运往前线。

第二是昼行夜宿。从鸭绿江到作战前线有几千公里，在这漫长的交通运输线上，敌人天天派飞机狂轰滥炸。为了防止敌机轰炸，我后勤人员和运输车辆，采取了昼行夜宿的策略。白天敌机活动猖狂，我人员车辆就钻山洞，进树林，藏起来休息；夜间敌机作战能力大大降低，就出来运输。有效地避开了敌机轰炸，把物资运往前线。

第三是架旱桥。美军为了破坏我后勤运输线，使用了骇人听闻的绞杀战，对我运输线狂轰滥炸，一个炮弹坑的深度、直径都达七八米。初期，我后勤人员用土填埋弹坑，往往100多人填埋一个弹坑要四五个小时，车辆堵了一大串。后来，指战员们发明了架旱桥的方法。即在弹坑上架桥，架一个旱桥只要一个小时。后来又发明了修复路和架半边旱桥的方法，即在弹坑旁边修路，人员车辆绕过弹坑走，遇有无条件修复路的地形，就辟坡、挖槽创造条件架半边桥，既一个车轮走在桥上，一个车轮走在弹坑一侧的边沿上，大大提高了修路速度和车辆通过能力。

第四是防打结合。初期，我后勤人员车辆对美军的破坏，只采取躲藏的方法，后来发现，只防不打是不防不住的。洪学智经过深思熟虑决定，经中央军委批准，我志愿军后勤组建了包括高炮、步兵、公安军在内的后勤防卫部队，针对敌人破坏活动的规律，在重要交通枢纽配署高炮部队，专打敌机，使其不敢轻易冒犯；在后勤配置地域，部署步兵，专门对付敌空降兵和流窜到后方地域的美军和伪军作战；在后方的广大地区，配置公安部队，专门打击各色各样的化装敌特，较好的保证了后勤安全。

第五是配置防空哨。朝鲜半岛，呈长条形，地形狭窄，山多沟多，前送后送道路就那么几条，盘山钻沟，绕来绕去。为了有效地避开敌机轰炸，志愿军后勤司令部在2800公里的交通运输线上，使用兵力20000人，设置对空观察哨1560多个，不到2公里就有一个。观察哨有步兵担任，主要任务是对空观察，发现敌机立即鸣枪示警。我运输车辆的司机听见枪声，立即隐蔽，有效地避免了敌机轰炸。由于观察哨设置的距离、位置适当，后来不但承担对空观察报警，而且还兼顾交通调整、搜剿匪特等任务，较好的保证了交通运输线的畅通。

第六是钻洞隐蔽。为了避免敌机轰炸，我志愿军后勤采取挖洞钻洞的办法。初期是在山坡上挖洞，作为人员、车辆物资的掩蔽部，后来发现朝鲜金矿很多，就利用废弃的矿洞，稍加改造，为我所用。经过逐步修建，我军形成了以矿洞为主体的物资贮备体系。到抗美援朝战争后期，连志愿军的火车都有了僻敌飞机轰炸的山洞。

第七是视假隐真。抗美援朝战争，我军的后勤供应主要来自国内，从鸭绿江到作战前线有几千公里，且大部队作战，需要的物资多。面对敌人的狂轰滥炸，物资运到部队后勤配置地域，后勤人员就把物资堆放到矿洞里，树林里，山沟里，而在那些美机经常“光顾”的地方，有意堆置一些缴获敌人的、且已损坏的车辆，再进行简单伪装，吸引敌机轰炸。我后勤官兵还堆积了一些假物资垛，进行简单伪装，吸引敌机轰炸，大量消耗了敌人，保存了物资，有效地保证了我军作战。

三十二、教育创新

科教兴国，科技是关键，教育是基础。

——邓小平

教育创新与理论创新、制度创新和科技创新一样，是非常重要的，而且教育还要为各方面的创新工作提供知识和人才基础。

——江泽民

进行教育创新，首先要坚持和发展适应国家和社会发展要求的教育思想。要坚持党的教育方针，坚持教育为社会主义事业服务，坚持教育与社会实践相结合，同时要十分注意研究和解决教育面临的新情况新问题，深入探索新形势下教育发展的规律，更新教育观念，确立与二十一世纪我国经济和社会发展需要相适应的教育观和人才观。

——江泽民

进行教育创新，必须充分利用现代科学技术手段，大力提高教育的现代化水平。要通过积极利用现代信息和传播技术，大力推动教育信息化，促进教育现代化。进一步完善学校的计算机网络，加快数字图书馆等教育公共服务体系建设。加强中小学校的信息技术教育，推动信息技术课程和教材建设。采用音像录放等设施，尽快把优质教育资源传输到广大农村，提高农村中小学教学质量。

——江泽民

要改革教学的内容、方法和手段，完善人才培养方式，充分吸纳当代自然科学和人文社会科学的最新成果，建立符合受教育者全面发展规律、激发受教育者创造性的新型教育教学模式，形成相互激励、教学相长的师生关系，努力创造有利于人才成长的良好教育环境和社会环境。

——江泽民

我们要继续坚定不移地实施科教兴国战略，不断培养大批合格的有中国特色的社会主义的建设者，不断造就大批具有丰富创新能力的高素质人才，不断提高全民族的思想道德素质和科学文化素质。这是实现中华民族伟大复兴的必然要求，也是我国社会主义教育事业的历史任务。要完成这一历史任务，必须不断推进教育创新。

——江泽民

创新的关键在人才，人才的成长靠教育。

——江泽民

教育是知识创新、传播和应用的主要基地，也是培育创新精神和创新人才的重要摇篮。

——江泽民

教育是培养人才和增强民族创新能力的基础，

必须放在现代化建设的全局性战略性重要位置。

——江泽民

我们要通过大力发展教育事业，努力培养造就数以亿计的高素质劳动者、数以千万计的专门人才和一大批拔尖创新人才，加快转变经济发展方式，坚持走中国特色新型工业化道路，增强我国发展后劲和国际竞争力，不断推动科学发展。

——胡锦涛．在全国教育工作会议上发表重要讲话[R]. 2010,7,13.

教育是国计，也是民生；教育是今天，更是明天。大力发展教育事业，是全面建设小康社会、加快推进社会主义现代化、实现中华民族伟大复兴的必由之路。

——胡锦涛．在全国教育工作会议上发表重要讲话[R]. 2010,7,13.

全党全国要积极行动起来，坚持育人为本，以改革创新为动力，以促进公平为重点，以提高质量为核心，推动教育事业在新的历史起点上科学发展，加快从教育大国向教育强国、从人力资源大国向人力资源强国迈进，为中华民族伟大复兴和人类文明进步作出更大贡献。

——胡锦涛．在全国教育工作会议上发表重要讲话[R]. 2010,7,13.

改革是教育事业发展的强大动力。要深化教育教学改革，重视改革的系统设计和整体安排，加快重要领域和关键环节改革步伐,以改革推动发展,以改革提高质量,以改革增强活力,进一步消除制约教育发展和创新的体制机制障碍,全面形成与社会主义市场经济体制和全面建设小康社会目标相适应的充满活力、富有效率、更加开放、有利于科学发展的教育体制机制。

——胡锦涛.在全国教育工作会议上发表重要讲话[R].2010,7,13.

深化教育体制改革,关键是更新教育观念,核心是改革人才培养体制,目的是提高人才培养水平。

——胡锦涛.在全国教育工作会议上发表重要讲话[R].2010,7,13.

教育成效不应只看学生是否能准确填写标准答案,更要看学生的学习能力、实践能力、创新能力,看他们是否掌握了发现问题、解决问题的关键能力,看他们是否具备了高度的社会责任感。

——胡锦涛.在全国教育工作会议上发表重要讲话[R].2010,7,13.

要创新人才培养模式,适应国家和社会发展需要,遵循教育规律和人才成长规律,注重学思结合、知行统一、因材施教,创新教育教学方法,倡导启发式、探究式、讨论式、参与式教学,激发学生好奇心,发挥学生主动精神,鼓励学生进行创造性思维,改变单纯灌输式的教育方法。要把中小学生从繁重的课业负担下解放出来,使广大青少年在发掘兴趣和潜能的基础上全面发展。

——胡锦涛．在全国教育工作会议上发表重要讲话[R].2010,7,13.

要建设科学研究与高等教育有机结合的知识创新体系，以建立开放、流动、竞争、协作的运行机制为中心，高效利用科研机构和高等院校的科技资源，稳定支持从事基础研究、前沿高技术研究和社会公益研究的科研机构，集中力量形成若干优势学科领域、研究基地和人才队伍。

——胡锦涛

中国留学生学习成绩往往比一起学习的美国学生好得多，然而 10 年以后，科研成果却比人家少得多，原因就在于美国学生思维活跃，动手能力和创造精神强。

——杨振宁

学知识目的如果不是为了创造，像贪吃的食物，不仅没用，而且消化不掉。

——陶行知

我们发现了儿童有创造力，认识了儿童有创造力，就须进一步把儿童的创造力解放出来。要解放孩子的头脑、双手、脚、空间、时间，使他们充分得到自由的生活，从自由的生活中得到真正的教育。

——陶行知

手脑双全，是创造教育的目的。中国教育革命的对策是使手脑联盟。

——陶行知

应该让每一门课程都有助于培养创造性。就是说，教育道德应该有助于造就一种更佳典型的人，这样，附带地也自然会使他在生活的各个方面更有创造性。

——苏霍姆林斯基

我们感到，学龄中期、特别是学龄后期学生的精神生活中的一大缺陷，就是他们被剥夺了一项巨大的财富——自由支配的时间，而自由支配的时间对于全面发展和形成他们的智力的、审美的兴趣和需要又是必不可少的。

——苏霍姆林斯基

真正的人才不是看他学了多少知识，而是看他能不能承担风险。不循规韬矩的做事情。

——(美)尼葛洛厄蒂

把别人的学问和简介保存下来就算完事了吗，我们应该把他变为自己的，才算成功。

——蒙田

学生的工作日越为学校的课业所填满，用于思考与学习无直接联系的事情的时间留得越少，就越会造成负担过重和落后。

——苏霍姆林斯基

教育要把发展思考力和独立判断能力放在首位，而不是把获取多少知识放在首位。如果一个人在学校里仅仅发展自己的专业知识，而没有发展自己的独立思考和独立判断能力，没有发展自己对道德上善和美的敏锐感知，那么这个人更像一条受过训练的狗，而不像一个和谐发展的人。

——爱因斯坦

创造人的是自然界，启迪和教育人的却是社会。

——别林斯基

多给孩子们以真正的自由，少让他们养成驾驭他人的思想；让他们自己多动手，少要别人替他们做事。

——卢梭

最盲目的服从乃是奴隶们所仅存的唯一美德。

——卢梭

教学必须从学习者已有的经验开始。

——杜威

为学患无疑，疑则有进。

——陆九渊

教师的成功是创造出值得自己崇拜的人。

——陶行知

中国教育之通病是教用脑的人不用手，不教用手的人用脑，所以一无所能。中国教育革命的对策是手脑联盟，结果是手与脑的力量都可以大到不可思议。

——陶行知

儿童教育的目的不在于传达过去的价值，而是在创造未来的新价值。

——(美)杜威

以书本作为大部分行为依据的人,抛开书本会干得更好。

——(英)布朗

科学研究工作,有富于创造性的意义,要依靠自力更生。当然,自力更生并不等于封锁自己。应该让每一门课程都有助于培养创造性。就是说,教育道德应该有助于造就一种更佳类型的人,这样,附带地也自然会使他在生活的各个方面更有创造性。

——(美)马斯洛

三十三、文化艺术创新

中华文化历来包含鼓励创新的丰富内涵，强调推陈出新、革故鼎新，强调“天行健，君子以自强不息。”建设创新型国家，必须大力发扬中华文化的优良传统，大力增强全民族的自强自尊精神，大力增强全社会的创造活力。

——胡锦涛．坚持走中国特色自主创新道路 为建设创新型国家而努力奋斗（在全国科学技术大会上的讲话）[R]. 2006,1,9.

发展创新文化，既要大力继承和弘扬中华文化的优良传统，又要充分吸收国外文化的有益成果。要坚持对外开放的基本国策，扩大多种形式的国际和地区科技交流合作，有效利用全球科技资源。

——胡锦涛．坚持走中国特色自主创新道路 为建设创新型国家而努力奋斗（在全国科学技术大会上的讲话）[R]. 2006,1,9.

要坚持解放思想、实事求是、与时俱进，通过理论创新不断推进制度创新、文化创新，为科技创新提供科学的理论指导、有力的制度保障和良好的文化氛围。

——胡锦涛．坚持走中国特色自主创新道路 为建设创新型国家而努力奋斗(在全国科学技术大会上的讲话)[R].2006,1,9.

一个国家的文化，同科技创新有着相互促进、相互激荡的密切关系。创新文化孕育创新事业，创新事业激励创新文化。

——胡锦涛．坚持走中国特色自主创新道路 为建设创新型国家而努力奋斗(在全国科学技术大会上的讲话)[R].2006,1,9.

广大科技工作者更加自觉、更加积极地弘扬创新文化，努力在激发全民族创新热情和创造活力方面奋发有为。

——习近平．科技工作者要为加快建设创新型国家多作贡献(在中国科协第八次全国代表大会上的祝词)[R].2011,5,27.

广大科技工作者要带头大力发扬中华民族自强不息、革故鼎新的优良传统，坚持用创新文化激发创新精神、推动创新实践、激励创新事业。

——习近平．科技工作者要为加快建设创新型国家多作贡献(在中国科协第八次全国代表大会上的祝词)[R].

2011,5,27.

科技同文化一样，都是最需要创新的领域。科技创新同文化创新相辅相成、相互促进。

——习近平．科技工作者要为加快建设创新型国家多作贡献（在中国科协第八次全国代表大会上的祝词）[R].2011,5,27.

学术研究贵在求真、求新、求深，而求新又是基本目标。

——杜鹏程

学我者生，似我者死。

——齐白石

标新立异的目的无非是为了开拓。

——王蒙

由于有所共鸣与传承，人类才不至于过分的迷失和绕圈子走老路，由于有所区别，人类才会发展。

拙劣的艺术家永远戴着别人的眼镜。

——（法）罗丹

艺术总是喜新厌旧的。任何重复必然使人产生疲倦。

——刘湛秋

每一种艺术都是一个棋盘，应当深入钻研，去找寻新的棋局。

——（俄）列夫・托尔斯泰

推陈出新是我的无上诀窍。

——(英)莎士比亚

文章当自出机杼,成一家风骨,不可寄人篱下。

——(清)袁枚

对于一个艺术家来说,如果能够打破常规,完全自由进行创作,其成绩往往会是惊人的。

——卓别林

没有冲破一切传统思想和手法的闯将,中国是不会有真的新文艺的。

——鲁迅

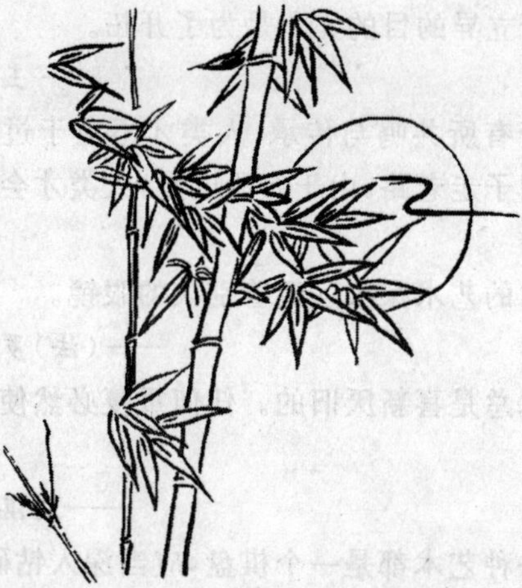

花 絮

从齐白石五易画风说起

我国著名画家齐白石是积极主张创新的，他自幼贫苦，年轻时曾是一个木匠，但他勤奋努力，成为我国一代著名画家，并荣获世界和平奖。然而，面对成功，他并不满足，而是不断汲取历代名画家的特点，更新自己国画的风格。他60岁以后的画，明显地不同于60岁以前。70岁、80岁以后，他又一次次更改画风，据说，齐白石先生一生曾五易画风。正因为齐白石先生勇于创新，所以他晚年的画比早期的更为成熟，并形成了独特的流派与风格。他曾说："学我者生，似我者死"。意思是学习我的风格、精神者可以生存、发展，而要与我画的一样者是没有前途的。由此使我想起另一件事：有一位年轻人，特别喜欢书法大师启功的书法，决心以启功为榜样，要写得与他一模一样。当他拿着自己的作品请一位专业书法家指点时，不但没有受到这位大家的赞许，而且受到严厉的批评。书法家指出：启功是我国一代书法大师，学习他的字重在学习他的精神和风格，但不能写的与他一模一样，如要这样你不仅永远不会超过启功，而且淹没了你自己，更形不成自己的风格。由此，再看看齐白石老人说的“学我者生，似我者死”的话是多么中肯，道理又是多么深刻。

2011 年 10 月，中共中央召开了十七届六中全会，提出了要把我国建设成文化强国的宏伟目标。写作、书法、绘画、戏剧等艺术，都是建设文化强国的组成部分，有志于在建设文化强国的过程中有所作为的人们要记住，学习前人重在学习他们的精神和风格，开辟一代新风。如果要学的一模一样，不但我国的文化事业不会发展，而且也会失去你自己。

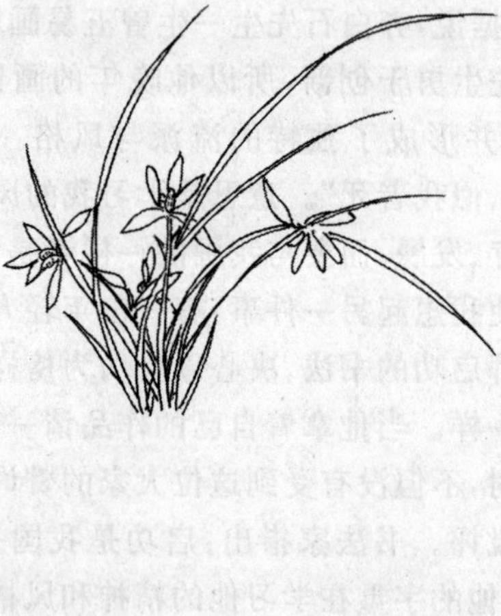

三十四、写作创新

巧借鉴，多吸收，善创新。

独辟蹊径，标新立异。

文不擅著，一鸣惊人。

菜淡味不鲜，文浅意不深。

人人意中有，人人笔下无。

见人至所未见，发人之所未发。

无才只可体会，但绝不能模仿。

作文贵有新意，说话贵在中听。

作文最忌无意，深思深掘出新。

思想陈无人问，出新意激励人。

文章要有看点，勤思多改创新。

作文贵在创新，意深情深语新。

著文腐看点少，思想新读者多。

见人至所未见，写人之所未写。

立言耻在跟人后，谋篇贵于展己心。

长短讲话须常新，作文不做守旧人。

文中有韵字字贵，心中有知句句雅。

有志者可著万卷，无志者难写一言。

复杂感情练哲语，深思熟虑必出新。

题贵新、意贵准；语贵畅，词贵精。

先规矩，尔后巧。巧就是流溢于笔端。

人无我有，人有我优，人优我最，人最我转。

创造性的作品就是这个春天最美的花朵。

只有在观点见解上高人一着，才能在文字表达上胜人一筹。

删繁就简三秋树，领新标异二月花。

——郑板桥

文章最忌百家衣，一个典型一盏灯。

新手永远应当凭独特的作品开始他的事业。

——(俄)契诃夫

有独创性的作家意味着他不仅不模仿别人，且为别人所无法模仿。

——(法)夏多布里安

一个普通人只能做出规规矩矩的东西，只有非凡的天才才能驾驭创作。

——(法)雨果

荷马的诗永远会是杰作，但不能永远是模范。

——(法)艾弗蒙

读书是间接的交友方式，也是向创作迈出的第一步。

——(日)箱畸总一

既要写出同中之异，又要写出异中之同。

——茅盾

独出心裁，独辟蹊径。

——叶圣陶

人所易言，我寡言之；人所难言，我易言之，自不俗。

——姜夔

宁可为野马，不可为疲驴。

——袁枚

文章最忌随人后，道德无多只本心。

——苏轼

出人意外者，仍须在人意中。

——袁枚

须教自我胸中出，切忌随人脚后行。

——戴复古．论诗十绝

纵横正有凌云笔，俯仰随人亦可怜。

——元好问．论诗三十首

文章自得方为贵，衣钵相传岂是真。

——王若虚．论诗诗

我手写我口，古岂能拘牵。

——黄遵宪．杂感

天籁自鸣天趣足，好诗不过近人情。

——张问陶．论诗十二绝句

春江秋月冬冰雪，不听陈言只听天。

——杨万里．读张文潜诗

非尽百家之美，不能成一人之奇，非取法至高之境，不能开独造之域。

——刘开

无才只可体会，但绝不能模仿。

——狄德罗

新手永远应当凭独创的作品开始他的事业。

——契诃夫

创造的神秘，犹如夜间的黑暗中的明灯，是伟大的。而知识的幻影却不过如晨间之雾。

——泰戈尔

千篇一律就等于毁灭。新思想造成新的技巧，犹如流水造成河道一般。

——萧伯纳

巴尔扎克真伟大！他的人物都是宇宙智慧的杰作！不是某一个时代的精神，而是数千年经过奋斗才在人的灵魂中酝酿成这样的结果。

——陀思妥耶夫斯基

新思想造成新的技巧，犹如流水造成河道一般。

——萧伯纳

作家在作品中应该像上帝在宇宙中一样，到处存在，又无处可见。对你所要表现的东西，要长时间很注意地去观察它，以便能发现别人没有发现过和没有写过的特点。

——福楼拜

全世界没有两粒沙子，两只苍蝇，两只手或两个鼻子是绝对相同的。因此，作家在创造每个人物时都必须有其特点，决不可以雷同。

——莫泊桑

形式和思想就像身体和灵魂，在我看来，这是一个整体，是不可分割的，我不知道没有这一个，另一个会变成什么。

——福楼拜

千万不要从形式上去追求比别人写得好。比别人写得差一些不要紧,要紧的是按自己的特点写。

——屠格涅夫

弹旧调不管弹得多么热情,总有一点学生练习本的味道。即使愚笨也好,但必须是你自己的!要有自己的气息,自己固有的气息,这一点最重要!

——屠格涅夫

常规俗见未必牢,前人经验过河桥,
写作就得勤动脑,刻苦钻研善思考,
前人经验未必对,创新作品不可少。

陈朽物, 要推翻,能者敢为天下先,
好作者, 记心间,作文最忌死硬搬,
活学活用勤思考,创新就须勇登攀。

天下安, 重选相,天下危, 重选将,
民富国强重著文,文学繁荣要创新。

兵不强,不可以御敌,国不富,不足以养兵,
文无意,不可以发表,不创新,不足以著文。

三十五、创新与科学

要建设，就必须有知识，必须掌握科学。

——斯大林

真知特识，必从科学而来。

——孙中山

自然科学是人们争取自由的一种武器。

——毛泽东

科学精神在于寻求事实，寻求真理。

——胡适

科学的幻想归根结底是科学和技术的大胆创造。

——费定

科学就是对常识的不断冲击、突破和超越。

——俞吾金

科学技术发展到今天，已是综合的、大规模的、集体的事业。

——王方定

科学是系统化了的知识。

——斯宾塞

一切伟大的科学理论都意味着对未知的新征服。

——卡尔·波普尔

对全人类来说，只有一种共同利益，那就是科学的进步。

——圣西门

科学技术史表明，过多的知识信息有时反倒会妨碍和限制创新。

——朗加明．创新的奥秘

感谢科学，它不仅使生命充满快乐和欢欣，并且给生活以支柱和自尊心。

——巴甫洛夫

整个社会由于科学迅速发展得到的好处得以弥补其所造成的损害。

——斯坦普

科学的目的不在于为无穷的智慧打开大门，而是在无穷的谬误前面划一条界线。

——布莱希特

科学的界限就像地平线一样，你越接近它，它挪得越远。

——布埃斯特

神奇的预言是神话，科学的预言却是事实。

——列宁

真正的科学就能够提高人民的自学，非科学的东西就会加深人民的迷惘。

——徐特立

科学是使人的精神变得勇敢的最好途径。

——布鲁诺

科学，按其本质，是历史的；历史的继承和批判，无疑是科学的重要特征之一。

——赵金珊

科学，绝非轻而易举的事业，只有坚毅的智者才适于从事科学。

——蒙田

科学的根本精神，全在养成观察力。

——梁启超

科学与艺术是人民的光荣，并给人民增添幸福。

——爱尔维修

科学与艺术属于整个世界，在它们面前，民族的障碍都消失了。

——歌德

科学工作千万不能固执己见，缺乏勇于认错的精神是会吃大亏的。

——钱学森

科学失去道德标准，接着就会丧失认识力量和实践活动，于是科学就变成伪科学。

——皮萨尔日夫斯基

科学世界是无穷的领域，人们应当勇敢去探索。

——童第周

科学，你是国力的灵魂；同时又是社会发展的标志。

——徐特立

科学把品德高尚的人与那些我们不应该尊为英

雄的人面兽心的人严格地区分开来。

——约·德莱顿

自然界是解决科学难题最好的和最客观的老师。

——道库恰耶夫

科学需要一个人的全部生命。

——朱冼

科学技术发展到今天，已是综合的、大规模的、集体的事业。

——王方定

科学和民主，它们取消了人和自然的差异，也取消了人和人的差异。

——王安忆

科学可以增加人的积极知识，但不能提高人的境界。

——冯友兰

科学的根本精神在于求真理。

——胡适

科学的任务，就是要穷探宇宙、社会和人生的一切幽微奥妙。

——严北溟

发达的科学技术是应当用来造福人类的，原子能应当为人类的进步服务。

——巴金

科学就是对常识的不断冲击、突破和超越。

——俞吾金

科学与民主，是人类社会进步之两大主要动力。

——陈独秀

科学的知识，虽是广大精微，但亦是常识的延长，是与常识在一层次之内的。

——冯友兰

科学永远对抗着迷信以及一切蒙昧无知的思想。

——竺可桢

在任何情况下都能够坚持科学真理，也许比发现真理更艰难。

——远德玉

科学虽不是充实人的全圆，但它是这个全圆的一扇重要的弧面。

——郭沫若

科学同思想自由是不可分离的。

——张岱年

有高度的自由，才有高深的科学。

——徐复观

科学的使命，是要造福社会，而不是造福个人。

——陶行知

科学不是知识，而是运用知识的本领，也可以说，是已换得成果的活知识。

——敦源

科学进步与经济发展是不可分离的。

——张岱年

天才跟科学结合，才能产生最大的效果。

——斯宾塞

科学就是整理事实，以便从中得出普遍的规律和结论。

——达尔文

科学家的成果是全人类的财产，而科学是最无私的领域。

——高尔基

什么知识最有价值？一致的答案就是科学。

——斯宾塞

没有科学和艺术，就没有人和人的生活。

——列夫·托尔斯泰

人民需要科学，不发展科学的国家，必将沦为殖民地。

——约里奥·居里

科学是人们生活中最重要、最美好和最需要的东西。

——契诃夫

科学是对狂热和狂言最好的解毒剂。

——亚当·斯密

科学技术是推动时代发展的原动力。

——江坪

科学的历史，从某种意义上说，就是错觉和失败的历史，是伟大的顽愚者以笨拙和低效能进行工作的历史。

——寺田寅彦

只有有效地继承人类知识，同时把世界最先进的科学技术知识拿到手，我们再向前迈出半步，就是最先进的水平，第一流的科学家。

——温伯格

中国人的思维总喜欢要求科学直接为社会生活服务，因而，科学常常变成或只是技术，对科学的独立意义、独立力量，对科学本身思辨的完备等等，便不够注意。

——李泽厚

中国的科学未能发展成为现代科学即是由于这种植根于立即应用的态度。

——李亦园

科学与民主，本来是一对命运相同的孪生姐妹。是科学的昌明创造了政治的民主。科学属于全人类。一切爱好和平的人民，只有共同掌握了科学知识，才能凝成一股征服科学，绝非富于神秘色彩的号角，而仅仅是人们手中改造世界的工具。

——约翰·伯纳德

科学技术就像空气和水一样，弥漫渗透到社会肌肤的每一个毛孔和细胞。它对人类文明所产生的物质影响和非物质影响是无可估量的。

——孙明哲

单为用而不含求知的意思，其结果只能产生“手艺”、“技术”而不能产生“科学”。

——梁漱溟

科学精神的丧失，对一个民族来讲，并不仅仅意味着与愚昧和反动为伍，科学理性的黯淡与功利的甚嚣尘上是同比关系。

——翁宝

科学的价值不是用功利的经济目光就可衡量的，它更多是一种纯粹的冲动，一个纯粹的幻想，或者就是一种精神。

——翁宝

科学研究是探索未知，科研人员既要有严肃、严密和严格的学风，又要有敢想、敢干和敢闯的精神。二者不可缺一。

——朱兆良

科学本身并不全是枯燥的公式，而是有着潜在的美和无穷的趣味，科学探索本身也充满了诗意。

——周培源

科学的不朽荣誉，在于它通过对人类心灵的作用，克服了人们在自己面前和在自然界面前的不安全感。

——爱因斯坦

科学是人类智慧的结晶和硕果……展望科学的未来，人类将高举科学的火炬登上宇宙的天堂。

——霍金

科学是我心中的温暖和愉快，你使我无所畏惧，视死如归。入狱者虽难得重见天日，你却能把锁链和铁窗粉碎。

——布鲁诺

科学是没有国界的，因为她是属于全人类的财富，是照亮世界的火把，但学者是属于祖国的。

——巴斯德

不管过去还是现在，科学都是对一切可能的事物的观察。所谓先见之明，是对即将出现的事物的认识，而这认识要有一个过程。

——达·芬奇

科学本身就具有伟大的美。一位从事研究工作的科学家，不仅是一个技术人员，并且他是一个小孩，在大自然的景色中，好像迷醉于神话故事一般。

——居里夫人

搞科学、做学问，要“不空不松，从严以终”，要很严格地搞一辈子工作。

——华罗庚

科学是一种强大的智慧力量，它致力于破除禁锢着我的神秘的桎梏。

——高尔基

任何科学上的雏形，都有它双重的形象：胚胎时的丑恶，萌芽时的美丽。

——雨果

科学事物，必须不断研究，认真实验，得寸进尺地深入、扩展，通过韧性的战斗，才可能获取光辉的成就。

——陈佳

科学技术体系本身是一种现代社会组织，必须以一种现代精神原则作为运动动力，仅仅依靠增加资金与人员的投入，并不能获得所期待的科技产生。

——何家栋

科学是一种强有力的工具。怎样用它，究竟是给人带来幸福还是带来灾难，全取决于人自己，而不取决于工具。刀子在人类生活上是有用的，但它也能用来杀人。

——爱因斯坦

科学给人自由，以反抗自然法则。它致力于把自然力量的魔杖交到人手中；它要使我们的精神摆脱万物的奴役。

——泰戈尔

科学是人类的共同财富，而真正科学家的任务就是丰富这个全人类都能受益的知识宝库。

——科尔莫戈罗夫

我们的科学史，只写某人某人取得成功，在成功者之前探索道路的，发现"此路不通"的失败者统统不写，这是很不公平的。

——爱因斯坦

在科学上，每一条道路都应该走一走。发现一条走不通的道路，就是对于科学的一大贡献。

——爱因斯坦

科学研究基于同一法则，即一切事物的产生取决于自然规律，这也适用于人们的行动。

——爱因斯坦

科学研究工作，尤其富于创造性的意义，尤其是要依靠自力更生。当然，自力更生并不等于封锁自己。

——李四光

人类用知识的活动去了解事物，用实践的活动去改变事物；用前者去掌握宇宙，用后者去创造宇宙。

——克罗齐

一种科学对人类的知识有所贡献，也不必勉强人家信服。相信不相信，要看成绩，它可以耐心等。应当热爱科学，因为人类没有什么力量比科学更强大，更所向无敌的了。

——高尔基

参考书目

［1］ 王永生．创新方略论［M］．北京：人民出版社，2002，9．

［2］ 王北生．军事后勤创新学［M］．北京：海朝出版社，2003，12．

［3］ 庄寿强．普通创造学［M］．江苏徐州：中国矿业大学出版社，2001．

［4］ 刘潼福．金字塔思维［M］．上海：上海科学普及出版社，2000，3．

［5］ 孙奎贞．领导创新论［M］．长沙：湖南大学出版社，2000，5．

［6］ 陶学忠．创造创新能力训练［M］．北京：中国经济出版社，2005，8．

［7］ 李建军．创造学引论［M］．北京：中国人民大学出版社，2002，11．

［8］ 扬进．论职业教育创新与发展［M］．北京：高等教育出版社，2004．